温州市教育局职业教育区域特色教材建设成果
中等职业教育中餐烹饪专业系列教材

瓯越菜雕

主　编　贾勇斌
副主编　董希造　黄孙溪　金　梦

重庆大学出版社

内容提要

为进一步提升中等职业教育烹饪专业学生和从业人员的职业素养、职业道德、职业技能，增强他们可持续发展的能力，本书基于餐饮企业职业需求，通过项目化教学与任务教学的形式，依据行业标准，以区域厨师岗位需求为主导，将瓯越菜雕技能与厨房装盘装饰相结合，既突出瓯越菜雕的专业知识与技能，又强化企业实践的技能训练。本书是校企合作教材，语言表达通俗易懂，图文并茂，理论联系实际，实用性强。本书结合最新的菜雕发展情况，知识内容循序渐进。全书共设6个项目、25个任务，涉及瓯越菜雕基础知识、建筑物类雕刻、花卉类雕刻、鱼虾类雕刻、禽鸟类雕刻等内容。本书不仅可以作为中等职业教育中餐烹饪教材，也可以作为企业培训、技能提升的培训用书。

图书在版编目（CIP）数据

瓯越菜雕 / 贾勇斌主编. -- 重庆 : 重庆大学出版社, 2025.3. --（中等职业教育中餐烹饪专业系列教材）. -- ISBN 978-7-5689-5196-8

Ⅰ. TS972.114

中国国家版本馆CIP数据核字第202582XC18号

中等职业教育中餐烹饪专业系列教材
瓯越菜雕

主　编　贾勇斌
副主编　董希造　黄孙溪　金　梦
策划编辑：沈　静
责任编辑：石　可　　版式设计：沈　静
责任校对：谢　芳　　责任印制：张　策

*

重庆大学出版社出版发行
出版人：陈晓阳
社址：重庆市沙坪坝区大学城西路21号
邮编：401331
电话：（023）88617190　88617185（中小学）
传真：（023）88617186　88617166
网址：http://www.cqup.com.cn
邮箱：fxk@cqup.com.cn（营销中心）
全国新华书店经销
重庆升光电力印务有限公司印刷

*

开本：787mm×1092mm　1/16　印张：10.25　字数：257千
2025年3月第1版　2025年3月第1次印刷
印数：1—1 000
ISBN 978-7-5689-5196-8　定价：49.00元

PREFACE

前 言

　　"温州好，别是一乾坤。"温州气候温润，山川钟灵毓秀，瓯江奔流不息，在山海交融间，这片土地孕育出了璀璨的温州文化，也走出了闻名天下的温州人。在这块宝地上，瓯越菜雕也在温州民间食俗的基础上发展起来，它巧妙地将日常的饮食和雕刻艺术结合起来，对瓯菜文化进行了全新的诠释。它能化平庸为神奇，让大宴小酌面目一新，为餐桌和展台增添不少色彩，使人们在享用美味佳肴的同时，在精神上还得到一种艺术美的享受。正是因为瓯越菜雕具有如此独特的地位和作用，其历来受到酒店的重视和宾客的喜爱，从而成为烹饪技术人员必须掌握的基本技艺。

　　为培养德、智、体、美、劳全面发展且具有创新精神、创业精神的高素质瓯越菜雕技艺人才，全书共设6个项目、25个任务，依据行业标准，以区域厨师岗位需求为主导，以菜雕作品雕刻任务为依托，以项目课程为引领，有机地将瓯越菜雕职业标准的相关要求融入具体任务中。同时，借鉴行业一线师傅在实践中学好、学精的经验方法，在继承和发扬瓯越菜雕文化的基础上大胆创新，改进教学方法和教学模式，借用图片和视频的形式将工艺流程一一展示出来。本书内容涵盖建筑物、花卉、鱼虾、禽鸟等诸多实用雕刻作品的菜雕技艺。每个项目均设有"项目描述""项目目标""项目实施"板块。"项目实施"下还设置了若干个子任务，每个任务按需设立了"主题知识""操作要领""烹饪实训工作室""行家指点""创新实验室"等栏目。根据学生的学习能力和悟性，本书采用分步过关的手把手教学模式，结合课后视频教学，注重基础知识和基本功实践训练，深入剖析菜雕的难点、疑点，真正实现因材施教，降低学习难度，使菜雕技艺更易掌握。

　　本书由温州华侨职业中等专业学校贾勇斌担任主编，负责全书所有项目的编写和统稿。温州市非遗米塑项目省级传承人董希造，温州市华侨职业中等专业学校的黄孙溪、金梦、胡秦宇共同参与编写。具体编写分工如下：贾勇斌负责教材大纲、样章的编写，配套资源的制作，以及项目4和项目5的编写；董希造负责教材的统稿；黄孙溪负责项目1和项目6的编写；金梦负责项目2和项目3的编写。《瓯越菜雕》为温州市职业教育区域特色教材，由温州市教育局资助。

　　在编写过程中，我们参考和借鉴了许多文献、著作、网络资料以及与广东南艺食雕等相关的素材，在此深表谢意。书中难免存在一些错误及不妥之处，我们热忱希望使用本教材的专家学者、师生和广大菜雕爱好者提出宝贵意见，以便我们对此加以改正。

编　者

2024年8月

目 录

瓯越菜雕基础知识

【项目描述】

山海韵味，瓯之味道。温州依山傍海的独特地理位置，造就了富有地方特色的瓯菜。栩栩如生的龙凤盘、历久弥新的传统菜、挑逗味蕾的新派经典，其名如诗、其形似画，利用食物原有色泽雕刻出栩栩如生的人物、动物、花鸟，令宾客"不忍下箸"。这一神奇的瓯菜艺术作品通过以虚代实的手法，烘云托月、点缀菜肴，散发着浓厚的艺术感染力。

瓯越菜雕，是浙江温州的传统工艺，历史悠久，技艺精湛，也是瓯越饮食文化中的一颗璀璨的明珠。其运用特殊的刀具、刀法，将烹饪原料雕刻成花、鸟、鱼、虫、兽、人等实物形象，是一门独特的技艺。因成品造型千变万化，瓯越菜雕被用于各种宴会，是宴席中必不可少的组成部分，可以烘托菜肴的精美，增添宴会的喜庆氛围。同时，它也被广泛应用于庆寿及"拦街福"等民俗活动中，并逐渐拓展到制作戏剧人物等方面，也用于龙凤酒席等场合。中华人民共和国成立后，在厨师们的努力创造下，温州瓯菜不断推陈出新，名厨辈出，并以全国瞩目的地方菜系驰名国内外。

本项目学习瓯越菜雕的形成与发展，让学生了解瓯越雕刻的分类及其在实际生活中的作用等相关知识，为今后学习菜雕制作奠定基础。

【项目目标】

①阐述菜雕在温州的形成与发展历史，解释菜雕作品在瓯菜中的作用和地位。
②熟悉瓯越菜雕的类型，明晰雕刻技艺的制作步骤。
③培育在菜雕操作方面规范的职业素养和精益求精的工匠精神。
④领会瓯越菜雕对瓯菜文化的传承意义，规划自己学习菜雕的途径。

【项目实施】

任务 1 瓯越菜雕的形成与发展

瓯越雕刻历史悠久，是瓯菜饮食艺术的结晶，也是中国五千年的烹饪文化长河中留下来的一朵夺目的奇葩。雕刻艺术主要讲的是形与神，形状就是在具体事物的形状上，该省略的省略，该夸张的夸张，或通过拟人的手法把形状定出来，定出形状之后将其精美地表现出来。

1.1.1 菜雕的由来

瓯越菜雕，是将温州地区传统的木雕、石雕和木刻等工艺美术的造型方法和技巧运用到瓜果蔬菜上的一项传统技艺，是悠久的瓯越饮食文化孕育的一颗璀璨的明珠，其历史源远流长。在古代敬神、祭祀等场合中，就已经出现了用来点缀和美化供品的简单菜雕作品，这就是瓯越菜雕的雏形。

菜雕技艺可以追溯到春秋时期，在《管子》一书中曾提到"雕卵"，即在蛋上进行雕画，这可能是世界上最早的菜雕。到了隋唐，能工巧匠们又在酥酪、鸡蛋、脂油上进行雕镂，将其装饰在饭食之上。宋代，宴席上的果蔬雕刻成为风尚，所雕的为果品、姜、笋制成的蜜饯，造型为千姿百态的鸟兽虫鱼与亭台楼阁，体现出当时厨师手艺的精妙。至清代乾嘉年间，厨师雕有"西瓜灯"，专供欣赏。此外，更有雕成冬瓜盅、西瓜盅的佳作，瓜皮上雕有花纹，瓢内装有美味，赏瓜食馔，独具风味。这些菜雕作品都体现了厨师精湛高超的技艺与独具匠心的巧思，与工艺美术中的玉雕、石雕一样，构成了一门充满诗情画意的艺术。

图1.1 1984年作品
《长娇美人》

图1.2 1988年作品
《金玉良缘》

图1.3 1985年作品
《万事如意》

图1.4 1987年作品
《鸳鸯戏水》

1.1.2 菜雕的发展

近年来，随着人们生活水平和文化水平的提高、中外文化交流的日益频繁、饮食行业知识结构的优化以及企业从业人员素质的提高，雕刻原料的选用范围持续拓展，取材越来越广泛，其应用范围也在不断扩大。瓯越菜雕日趋完善，表现手法更加细腻，造型设计更加逼真，制作工艺更加精巧，艺术价值也不断提高。特别是改革开放以来，在继承传统的基础上，经过广大菜雕从业人员的不断探索与创新，菜雕呈现出百花齐放、繁荣兴盛的局面。琳琅满目的雕刻——琼脂雕、冰雕、面塑雕、泡沫雕、黄油雕、巧克力雕等，在酒店、宾馆里争奇斗艳，大放异彩。特别是近年来流行的糖艺、糖雕，以其绚丽的色彩、独特的金属光泽和高雅的造型风格，备受整个餐饮行业的推崇，更重要的是，糖艺、糖雕作品经常与果酱画相互搭配使用，不仅可以点缀菜肴，还可供食用，已然成为菜雕发展的一个新趋势。

图1.5　琼脂原料

图1.6　琼脂雕

琼脂是以藻类的石花菜属及江蓠属制成的产品。琼脂雕是一种将琼脂加热融化，倒入容器中冷却，然后把它作为雕刻的主要原料的一种雕刻形式。

图1.7　巧克力原料

图1.8　巧克力雕

巧克力是一种很神奇的食物，它可以带给人们愉悦的心情，而且极少有人厌恶它。在雕刻师的手中，巧克力可以是形态各异、憨态可掬的卡通人物，也可以变身成为结构复杂的建筑雕塑，而这些作品全部都是人手精制，选用了最优质的新鲜材料。每件巧克力雕塑都可称得上是一件艺术品。

图1.9　黄油原料

图1.10　黄油雕

黄油是用牛奶加工出来的：把新鲜牛奶加以搅拌之后，将上层的浓稠状物体滤去部分水分之后的产物。在雕刻大型作品前，需要用泡沫等雕刻出作品的底，以起到支撑作用，再在其表面均匀抹上黄油进行细致雕刻。

图1.11 冰雕

图1.12 餐桌上的冰雕

冰雕，是一种以冰为主要材料进行雕刻的艺术形式。同其他材料的雕塑一样，冰雕也分圆雕、浮雕和透雕三种。冰雕塑与其他材质的雕塑一样，讲究工具使用、表面处理、刀痕刻迹，但由于它材质无色、透明，具有折射光线的作用，故以其雕刻出的形象立体感不强，形象不够鲜明。

图1.13 白糖

图1.14 糖艺作品

糖艺是指将砂糖、葡萄糖或饴糖等经过配比、熬制、拉糖、吹糖等造型方法加工处理，制作出具有观赏性、可食性和艺术性的独立食品或食品装饰插件的加工工艺。糖艺制品色彩丰富绚丽，质感剔透，三维效果清晰，是西点行业中最奢华的展示品或装饰原料。在发达国家和高级酒店，糖艺制品和巧克力插件制品的制作已经发展到一定水平，这两项插件与新鲜水果搭配使用，是西点装饰中最完美的组合，使用比较普遍。奶油裱花在材质和质感上无法与之相提并论，高档的蛋糕很少使用奶油裱花的手法来进行装饰，在国际上，裱花仅被视为西点师的一个小技能。组合装饰能充分体现出原料的材质美和造型美，给人以色、香、味、形、器的全面感受，从而彰显饮食文化的特点，让人们获得美的艺术享受。

图1.15 米粉

图1.16 米塑杨贵妃

米塑又称"粉塑"，以煮熟的米粉团为原料，加入不同色彩的颜料，通过揉、捏、掐、刻等手法，制作出不同类型的人物、走兽、花鸟等造型，栩栩如生，色彩鲜艳。其作品大小不一，大的高达数米，小的只有2～3 cm，大都用于喜庆节日和寿辰庆祝等活动。温州素称

"百工之乡"，米塑是温州民间工艺园中一朵艳丽的奇葩。温州民间每逢婚丧嫁娶或寿辰庆祝等场合，都要捏制米塑。据传，这一习俗早在宋朝时就已出现。经过千余年的传承，米塑工艺流程日臻完善，与北方的"面塑"并称为中国食品塑作工艺上的双绝。

图1.17　泡沫雕刻龙凤

图1.18　泡沫雕刻野趣

泡沫不但价格低廉，而且材质具有可塑性。例如，可以用腐蚀、电烙铁烫的方法，制成各种各样的造型，为艺术赋予更深的含义。快捷的造型工序，使它能在短时间内塑造出一个个生动活泼，或卡通或写实的鲜明形象。在合理的成本范围内便可营造出一幕幕缤纷的场景，在节庆氛围的渲染上起到画龙点睛的作用。其每每使客人纷纷驻足，流连忘返，在很大程度上聚集了人气。

图1.19　展台布置

图1.20　菜肴围边

今天的菜雕技术受到越来越多青年厨师的青睐与运用，它不仅被放在盘中作为点缀，或作为容器盛放食物，而且作为艺术品摆放于菜肴之间，美化了宴会环境，增加了进餐者的食欲，使他们在大饱口福之余，还能得到美的享受。这些都推动了烹饪文化的繁荣和发展。无论是小餐馆的饭局，还是大酒店举办的宴会、设置的展台，以及各种各样的节日庆典、烹饪赛事，还是规格高雅、场面隆重的国宴，都有精美异常、栩栩如生的菜雕作品摆放在桌上，这些菜雕作品起到了活跃宴席气氛、提升档次的作用。

图1.21　宴席布置1

图1.22　宴席布置2

1.1.3 菜雕在瓯菜中的地位

瓯越菜雕是烹饪领域中不可缺少的一部分，具有举足轻重的地位，对点缀菜肴、美化宴席起着重要的作用。菜雕以其独特的艺术风格、悠久的工艺历史和精湛的制作技术，赢得了人们的青睐和肯定。菜雕是一门综合性艺术，是绘画、雕塑以及书法等综合性艺术的体现。用这些形态逼真、寓意深远的菜雕作品点缀菜肴、装饰席面，不仅有烘托主题、增添气氛的作用，还有赏心悦目、增加食欲的作用。现在人们的生活水平提高了，他们不仅注重菜肴的口味和多样化，而且对菜肴的色泽和造型也有了新的审美要求，这就要求广大厨师和菜雕从业人员必须具备很好的审美眼光和艺术造型的能力。

1.1.4 瓯越菜雕在烹饪中的作用

1）美化菜肴，弥补菜肴自身的不足

在菜肴色彩较单一的情况下，菜雕能起到丰富菜肴色彩、达到美化效果的作用。用雕刻素材制作的盛器，不仅具备保温、卫生等实际功能，还具有烘托、弥补、装饰、造型、表现情趣等审美作用。在宴席主菜上，精美点缀的菜雕装饰能起到突出主菜的作用。需要注意的是，在与菜肴组合搭配时，菜雕与菜肴不能直接接触，而且菜雕只能起锦上添花的作用，而不能喧宾夺主。

图1.23 美化菜肴1 　　　　图1.24 美化菜肴2

2）装饰席面，增加情趣，烘托气氛

菜雕是构成饮食美的重要元素之一，对人的饮食心理影响很大，尤其在大型宴会、冷餐会、酒会上，用果蔬、琼脂、黄油、泡沫等材料雕刻出的人物、花鸟等作品装饰、点缀餐桌，不仅美化了环境，还活跃了宴会气氛，也给人以美的享受。

图1.25 装饰席面1

图1.26 装饰席面2

3）提高档次，增加收益

一些"卖相"平平的菜肴，因为有了雕刻的装饰，档次得到大大提升，为企业的经营增加了收益。

图1.27 寿宴装饰1

图1.28 寿宴装饰2

4）融入文化，点明宴会主题

根据不同宴会主题要求来配以相应题材的作品，如"寿宴"配以寿星、仙鹤、松柏、寿桃、寿字等，"喜宴"配以龙、凤凰、喜字、鸳鸯等，让人对宴席的主题一目了然。

图1.29 酒店装饰

5）展示厨师技艺，扩大企业影响力，树立酒店形象

在各大型的烹饪赛事和节假日庆典活动中，气势磅礴的菜雕展台最能吸引人们的眼球，

可以提高企业知名度，树立良好的企业形象，同时为厨师展示雕刻技艺提供了一个舞台，有助于推动菜雕的发展。

1.1.5　瓯越菜雕的类型

1）整雕

整雕又称圆雕，是指用一块整体的原料刻成一个具有独立的立体造型的实物形象，不需要用其他物体来接、插、拼、嵌。整雕的特点是整体感和独立性，不必用其他物体支持和陪衬，具有较高的欣赏价值，如月季花、山茶花、大丽花、西瓜盅等雕刻作品。

图1.30　整雕月季花　　　　　　　　图1.31　整雕荷花

2）零雕整装

零雕整装是指用多块原料（一种或多种不同的原料）雕刻某一造型的各个部位，再将这些部件组装成一个完整的造型，如"鹤鹿同寿""仙女散花"等。其特点是：选料不限，雕刻方便，成品结构鲜明，层次感强，形象逼真，适合形体较大或比较复杂的物体形象雕刻，要求制作者具有广泛的想象空间，艺术构思与制作能力强。

图1.32　零雕白鹭　　　　　　　　图1.33　零雕神龙

3）浮雕

浮雕是指在原料表面雕刻向外凸出或向里凹进的图案，分为凸雕和凹雕两种。

①凸雕（又称阳纹雕）把要表现的图案向外突出地刻画在原料的表面。

②凹雕（又称阴纹雕）把要表现的图案向里凹陷地刻画在原料的表面。

凸雕和凹雕只是表现手法不同，却具有共同的雕刻原理。同一图案，既可以凸雕也可以凹雕。初学者也可以事先在原料表面画上图案，再动刀雕刻，这样效果会更好。冬瓜盅、西瓜盅等雕刻作品便属于浮雕。

图1.34　南瓜浮雕1

图1.35　南瓜浮雕2

4）镂空雕

镂空雕是指用镂空透雕的方法把所需要表现的图案刻留在原料上，并去掉其余部分。操作方式与凹雕相似，但是难度较大，下刀要准确，行刀要稳，不能损伤其他部位，以确保图案的完整美观。各种瓜灯、宝塔都可以采用这种雕刻方式。

一般在其雕刻成品中点放蜡烛或灯具，以其光线的自然色彩装饰点缀席面，烘托气氛。

图1.36　镂空雕1

图1.37　镂空雕2

1.1.6　菜雕的制作步骤

菜雕是一个复杂的制作过程，为了使雕刻过程有条不紊地进行，雕刻出主题思想明确、形态优美、符合要求的优秀作品，可以按以下几个步骤进行操作：

1）选题

选题就是选择雕刻的内容题材，确定雕刻的题目。选题是菜雕的第一步。要达到题、型、意的高度统一，选题时要注意作品的主题思想，要有一定的思想性和一定的寓意，要根据作品的具体用途来确定题材。作品的主题、题材、内容要与宴会的气氛和内容相符合，这样才能引起大家的共鸣。

2）选料

选料就是根据作品的题材和雕刻的类型来选择合适的（大小、长短、形状、季节等）原材料。对于原料的具体用处要心中有数，做到大料大用、小料小用，防止原料使用不当造成浪费。选料时，还要考虑使作品在色彩和质量上达到理想的要求。

3）构思

构思主要包括确定雕刻作品的表现形式，如雕刻作品的大小、高低等，以及主题部分的安排、陪衬部分的位置、色彩的分布以及作品大小比例等。必要时，要用画笔勾勒草图，这样才能有条不紊地开展工作，才能体现整体的协调美观与局部的细致精巧。另外，具体到每

一个雕刻部件的形状和技法，也要做好设计。只有具备良好的构思基础，才能使作者的刀法得到充分体现和发挥。

4）雕刻

雕刻是菜雕步骤中最重要的一个环节。菜雕的艺术价值就是通过雕刻技艺来体现的。雕刻即将之前的设计和构思具体地呈现出来。雕刻的实施总是遵循先整体后局部的顺序，也就是先雕刻出大致轮廓之后再去细致雕刻具体的部位。

5）组装

菜雕作品雕刻完成后，为了达到最佳艺术效果，往往还需要对雕刻作品进行组装、整理以及进一步的修饰，诸如盛器的选择、食雕配件的安装、整体构图的安排以及摆放方式等。总之，要把菜雕作品的最佳效果在实际应用中完美地展现出来。

1.1.7 菜雕的学习方法

菜雕必须要速度快，这是由这个行业的性质决定的。以往用于美化菜肴、装点宴席，普通的菜雕就需相关人员苦练五六载，才能独立完成一些简单的作品。菜雕在当今激烈的酒店竞争中起着重要的作用，菜雕师尤其要在熟练运用各种烹饪知识、各种烹饪手法的同时，集各地菜雕之所长，体现自己菜雕的精湛技艺。菜雕不是一朝一夕就可以练成的，需要运用好的方法和具有持之以恒的毅力和耐心，下苦功夫才能取得好的成绩。下面就从几个方面谈谈学习菜雕的方法。

1）培养兴趣

俗话说，兴趣是最好的老师。如果一名厨师对菜雕兴趣十足，就不会把它当作一种负担、一项任务，而是当作一种乐趣、一种享受。因此，其就会利用更多的空余时间去思考它、练习它。日积月累，这名厨师的雕刻技术就会迅速提升。

2）狠抓基本功

从简单入手，循序渐进，加强雕刻刀法的训练。只有基础打扎实了，才能学好大型雕刻作品的雕刻技法，才能进行自我设计和创作。学一样就要会一样、精通一样，只有这样才会使初学者感到有成就感、有自信心。这就像上楼梯一样，只要踏踏实实、一步一步向上攀爬，就一定会达到顶峰。如果好高骛远，想一步登顶，其结果肯定是半途而废。

3）要有坚强的毅力

只要坚持不懈，持之以恒，就能顺利度过入门阶段这一困难期。我们都有这样的体会，不论学习什么东西，起步入门阶段是最困难的。很多意志力不强的人，就会在这一阶段败下阵来。一个从未接触过菜雕的人在学习刻第一朵花的时候，会觉得非常吃力，手不听使唤，下刀没有准头，这就是所谓的困难期。在这个时候，一定要坚持下去，一朵不行就练两朵，十朵不行就练二十朵，最终一定能练好。一朵花掌握了，就能对菜雕有更深一层的认识，诸如力度的大小、原料的性质、运刀的感觉、花的结构等，这些经验对以后的雕刻都会产生影响。如果第一种花练了一百次的话，第二种花只需要练习八九次就可以掌握，第三种花只需要练习三四次就可以基本掌握了。

4）善于总结经验

要多动脑筋，及时纠正错误，与其他人互教互学，不断实践，勤加练习。精益求精，首先保证作品的质量，在稳中求快，快中求精。我们要不断地钻研，找出规律。每一次动手雕刻前，都要把所刻内容的外形特征、比例关系、下刀顺序、运刀方向等在心中反复揣摩几遍，做到胸有成竹，这样才能下刀准确，自如流畅，一气呵成。绝对不能手忙脚乱，颠三倒四，一会这儿补一刀，一会那儿戳一下，否则就雕刻不出作品，以失败告终。

5）积极进取，虚心学习

要处处留心，多向别人学习。即使别人的技术不如你，但一定有值得你借鉴的地方。多向其他艺术门类学习，如剪纸、木雕、根雕、石雕、园林雕塑、绘画、插花等，不断培养自己的艺术修养和审美情趣。学习构图常识，并在日常生活中注意观察和掌握表达形象的能力，多方面吸收中国传统雕刻技艺的精华。只有不断提高自身的文化素质修养，才能大胆地去吸取、探索、创新。不论是否有美术基础，平时都要多画几笔简笔画，这样日积月累，一定会有很大的帮助。

总之，学好菜雕不是一蹴而就的，需要有耐心、信心、毅力和恒心。只有持之以恒，勤学苦练，刻苦钻研，不断总结经验，及时纠正错误，互教互学，做好打"持久战"的准备，才能把这门技术掌握好，成为一位名副其实的菜雕师。

图1.38　展台雕刻1　　　　　　　图1.39　展台雕刻2

1.1.8　练习与实训

1）想一想

思考瓯越菜雕技艺在各种主题宴席中的应用。某酒店接到一份婚宴订单，作为酒店的菜雕师，你觉得应该雕刻什么样的主题作品来衬托宴席？

2）练一练

①菜雕的基本概念。

②菜雕在当代餐饮中的地位和作用。

③菜雕的类型。

④瓯越菜雕的具体雕刻步骤。

1.1.9　总结与提高

①经过这次任务的学习，你总结了这些经验：

②你有怎样的感想与反思：

任务 **2**　瓯越菜雕的原料和刀具

1.2.1　瓯越菜雕的原料选择

　　菜雕的选择，直接影响着雕刻作品的质量。因此，在选择原料时应该从造型、大小、色泽等方面入手，这样才能雕刻出理想的作品来。适用于菜雕的原料很多，具有可塑性强、色泽鲜艳、质地细密、坚实脆嫩、新鲜不变质等特点的各类瓜果及蔬菜均可。另外，还有很多可直接食用的可塑性食品也可被用作菜雕的原料。

　　下面介绍几种常见的菜雕原料的性质及用途。

1）根茎类原料

（1）胡萝卜

　　胡萝卜，又称红萝卜、红菜头、黄萝卜、丁香萝卜与葫芦菔金等，是伞形科一年生或两年生的草本植物，原产于地中海沿岸。胡萝卜在我国栽培极为普遍，其中山东、河南、浙江、云南等多省种植面积最大，品质亦佳，于秋冬季节上市。胡萝卜的品种繁多，按形状可以分为圆锥形和圆柱形两类。挑选时，以表皮光滑、形状规整、心柱细小、肉厚、不糠、无裂口且无病虫害的为佳。胡萝卜肉质细密、质地脆嫩且颜色鲜艳，最适合用于雕刻点缀花卉及小型禽鸟、鱼、虫等各种盘式作品及展台作品。

（2）心里美萝卜

　　心里美萝卜又称花心萝卜，除了具有体大肉厚的特点外，最重要的是它色泽鲜艳、质地脆嫩，外皮呈绿色，肉呈紫色、粉红色或玫瑰红色。由于它的颜色与很多花卉颜色相似，所

图1.40　胡萝卜

图1.41　心里美萝卜

以以它为原料雕刻出的花卉形象逼真，如紫玫瑰、紫月季、牡丹花、菊花等。除了用于雕刻花卉外，它还被用于雕刻一些鸟类点缀物，如头冠、尾羽等。

（3）白萝卜

白萝卜又称菜头，为十字花科两年生或一年生的草本植物，呈圆锥形、球形、长圆柱形。白萝卜以外皮光滑、无裂缝分支、无畸形、无黑心、无糠心的为佳。在菜雕中应该根据所雕之物的外形选择不同形状的白萝卜。白萝卜是雕刻仙鹤、宝塔、桥等的常用原料。

（4）青萝卜

青萝卜又称卫青萝卜，是沙窝萝卜和灰堆萝卜的统称，为十字花科两年生的草本植物，呈细长圆筒形，尾端玉白，皮青肉绿，质地脆嫩，形体较大，极耐储藏。它适合用于雕刻形体较大的龙凤、禽兽、风景、孔雀、龙舟、人物及花卉等。

图1.42　白萝卜

图1.43　青萝卜

（5）甜菜头

甜菜头又称红菜头、火焰菜，为藜科的草本植物。根皮、根肉呈紫红色，横切面有紫色环纹。它是菜肴装饰、点缀及雕刻的良好材料。

（6）马铃薯

马铃薯又称土豆、洋芋，肉质细腻，有韧性，没有筋络，多呈中黄色或白色，也有粉红色的。挑选时，以形大而均匀整齐、皮厚光滑、芽眼浅、肉质细密的为佳。它适合用于雕刻花卉、人物、小动物等。

图1.44　甜菜头

图1.45　马铃薯

（7）莴笋

莴笋又名青笋，茎粗壮而肥硬，皮色有绿、紫两种。肉质细嫩且润泽如玉，多为翠绿，也有白色泛淡绿的。它适合用于雕刻龙、翠鸟、青蛙、螳螂、蝈蝈、各种花卉以及镯、簪、服饰、绣球等。

（8）红薯

红薯又名甘薯、番薯、地瓜。肉质呈白色、粉红色或浅红色，有的带有美丽的花纹。红薯质地细韧致密，可用以雕刻各种花卉、动物和人物。

图1.46　莴笋

图1.47　红薯

（9）洋葱

洋葱的形状包括扁圆形、球形、纺锤形等，颜色包括白色、浅紫色和微黄色。洋葱质地柔软、略脆嫩、有自然层次，可用以雕刻荷花、睡莲、玉兰花、小型菊花等。

（10）芋头

芋头又称芋艿、芋根等，地下肉质球茎呈圆形、椭圆形或长条形，外皮粗糙，呈褐色或黄褐色。肉质细密，多为白色或带紫色花纹。在雕刻中运用较多，挑选时，以形状端正、组织饱满、未长侧芽、无干枯、无损伤的为佳。芋头适用于雕刻人物、禽兽及大型组合。

图1.48　洋葱

图1.49　芋头

2）瓜果类原料

（1）西瓜

西瓜为大型浆果，呈圆形、长圆形、椭圆形。由于其果肉水分过多，因此一般会掏空瓜瓤，利用瓜皮雕刻西瓜灯或西瓜盅，也可以利用西瓜肉颜色艳丽的特点雕刻大型花卉。

图1.50　西瓜

（2）冬瓜

冬瓜又名白瓜、枕瓜等，一般外形似圆桶，形体硕大，内空，皮呈暗绿色，外表有一层白色粉状物，肉呈青白色。一般被用来雕刻大型的冬瓜盅、花篮及大型的龙舟等。

（3）西葫芦

西葫芦呈长圆形，表面光滑，外皮为深绿色或黄褐色，肉呈青白色或淡黄色，肉质较南瓜、笋瓜稍嫩，可用于雕刻渔舟、人物、花卉、孔雀灯和山水风景等。

图1.51　冬瓜

图1.52　西葫芦

（4）南瓜

南瓜又名番瓜，也称北瓜，按形状可以分为扁圆形、梨果形、长条形。一般常用长条形南瓜进行雕刻。长条形南瓜又称"牛腿瓜"，是雕刻大型菜雕作品的上佳材料。南瓜适合雕刻黄颜色的花卉、各种动态的鸟类、大型动物以及人物、亭台楼阁等，因此，南瓜是菜雕最理想的材料之一。

（5）黄瓜

常见的黄瓜有青皮带刺黄瓜、白皮大个黄瓜、青白皮黄瓜、白皮短小黄瓜等品种。黄瓜可被用于雕刻船、盅、青蛙、蜻蜓、蝈蝈、螳螂、花卉以及用作盘边的装饰。

图1.53　南瓜

图1.54　黄瓜

（6）番茄

番茄的品种较多，按形状可分为圆形、扁圆形、长圆形和桃形，按颜色可分为大红、粉红、橙红和黄色。一般只利用其皮和外层肉雕刻简单的花卉造型，如荷花、单片状花朵等。

（7）彩椒

彩椒又称甜椒、灯笼椒、菜椒，颜色包括紫色、白色、黄色、橙色、红色、绿色等。挑选时，以外皮紧实、表面有光泽的为佳。在菜雕中可将其雕刻成器皿，用来盛装菜肴或味汁，也可雕刻成各种形状，用于装饰围边。

图1.55　番茄

图1.56　彩椒

1.2.2　瓯越菜雕的工具

大自然里，各种名花佳卉千姿百态，珍禽异兽也是形象万千。要雕刻出形象逼真、造型优美、以形传神、栩栩如生的作品，除了要拥有丰富的想象力与精湛的技艺外，还必须具备一套较完整的雕刻工具，即所谓的"工欲善其事，必先利其器"。进行菜雕的时候也非常讲究刀具的性能，刀具越锋利，雕刻就越干净利落，整体效果就越好。根据刀具的用途，可以将其分为十余种，常见的有片刀、切刀、主刀、刻线刀、戳刀、模具刀等。

1）片刀

片刀俗称菜刀，以锋钢为宜，白钢更好，刀身宜薄，主要用于切平、切段、切块、切丝等。

2）切刀

切刀常用于切削面积较大的原料，适用于对作品开大型、去废料等操作。

图1.57　片刀

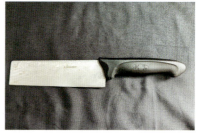
图1.58　切刀

3）主刀

主刀又称平口刀、尖刀，是菜雕中最主要的刀具，刀刃长6～8 cm，宽0.5～1.2 cm，厚约1.2 mm，以白钢打造的最好，刀身以窄而尖的为佳。主刀是雕刻绝大多数作品的必备刀具，用途极其广泛，既适合大型雕刻，又可以用于微雕，故称万用刀。运刀流畅、极易转弯是其特点，有些熟练的雕刻师甚至能用这把"万用刀"从头至尾雕刻全部的作品。

4）圆口戳刀

圆口戳刀又称U形戳刀。圆口戳刀可被分为5～8种型号，这里分3种型号来介绍：小号圆口戳刀主要被用来戳花卉的花心、打槽、旋动物的眼睛、刻鸟类的羽毛等，凡较细的图案图形均适宜用小号圆口戳刀；中号圆口戳刀是比较常用的，可以戳各种花卉的花瓣，如菊花、西番莲，以及鸟类翅膀的羽毛，还有各种弧形、圆形等部位；大号圆口戳刀通常用于雕刻底座假山、树干等。

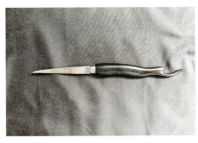

图1.59　主刀

图1.60　圆口戳刀

5）三角戳刀

三角戳刀又称V形戳刀，刀刃横断面呈三角形，主要用于雕刻一些带齿的花卉、鸟类羽毛、浮雕品的花纹等，其执刀方法与圆口戳刀相同。

6）刻线刀

刻线刀可分为U形、V形和O形，可用于刻拉中线，凹字，定大型，去废料，刻衣服褶皱、鸟类翅膀的细羽毛纹理、瓜盅线条等各种线条，用途广泛。

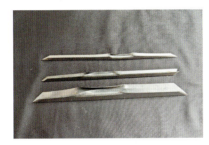

图1.61　三角戳刀

图1.62　刻线刀

7）刨刀

刨刀主要用于刨削水果蔬菜的外皮，如去除萝卜、南瓜等品种的外皮。

除了上述的刀具外，还应该准备剪刀、镊子、圆规等工具，以备雕刻之用。菜雕的工具不是一成不变的，在实践中，根据需要或在使用某种工具得心应手时，可以对工具进行改进。使用后要擦拭干净，分类保管，以防锈蚀。

图1.63　刨刀

1.2.3 磨制菜雕刀具的方法

1）切刀和主刀

磨刀时两面都要平磨，先磨刀身，再磨刀尖，以防止磨刀时刀变形。在磨刀时，将刀身平放在磨刀石的右上方，刀背微微地抬起一点角度（角度不宜过大，并且要保持稳定的磨刀角度）。用力将刀身由后向前、由前向后拉，反复磨制，直到达到要求。要注意推拉的距离要尽量长一些，这样比较省时省力，同时注意加水。用同样的方法磨制另外一面，两面都达到要求后换用细磨石磨平刀身，磨快刀刃，使切刀、主刀的刀身平整光滑，若有卷刀刃现象出现，可将卷刃磨掉。雕刻主刀的刀身要求有一定的硬度，整个刀身平整光滑、光亮，磨刀时留下的刀痕一定要磨平。刀口要特别锋利，要求达到能刮下毛发的程度。

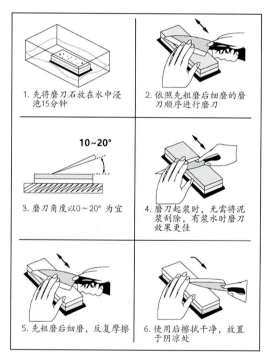

图1.64 磨刀方法

2）圆口戳刀

圆口戳刀与其他刀具不同，它的特点是刀刃开在刀的前端，切刀刃呈弧形。圆口戳刀有向里口和向外口。磨外口刃时，将刀口放在磨石上，然后随着弧形左右旋转磨制，磨好后，为了避免卷刃，再磨下里口刃，磨里口刃时，应利用磨石的棱角部位，先把磨石的棱角部位磨圆，去掉尖角，再把弧形刀口扣在磨石上，去掉尖角的边角面，左右旋转着磨，磨完里刃，再轻磨几下外口刃，去掉卷刃。此外，也可以前往五金店购买圆柱形的专用磨石来磨里口刃。

3）三角戳刀

三角戳刀也有里口刃和外口刃，磨外口刃时应将刀放置在磨石的平面上，刀的角呈30～40°夹角，先磨刀的一面，然后再磨另一面，磨时要左右横向磨。但一定要注意，若刀与油石面的倾斜角度过大，则容易造成卷刃，若角度太小，则容易把刀刃斜面磨掉。各种类型的雕刻刀具都有各自不同的型号、大小，但是同种刀的磨刀方法依然是相同的。

1.2.4 菜雕刀具磨制的鉴别要求

磨制好、保养维护好菜雕刀具和用具对菜雕而言意义重大，那应如何鉴别雕刻刀具、用具是否磨好，是否达到了雕刻的要求呢？主要的方法是用大拇指横向轻轻触摸刀口（手和刀口的方向垂直），若刮手的感觉强烈，就说明刀具很锋利，符合雕刻的要求；反之，若感觉比较光滑，就说明刀具还需要继续磨制。

图1.65 刀鞘保护

另外，还有一种鉴别菜雕刀具、用具是否磨制好的方法，就是在原料上进行实际使用，如果感觉下刀不费力、不涩刀且顺滑，雕刻出的刀面平整，戳出的线条边缘整齐、光滑、无毛刺，那就说明达到了要求，否则就需要继续磨制。

1.2.5 练习与实训

1）想一想

瓯越菜雕对原料的应用非常灵活。就雕刻百鸟朝凤而言，在选择原料时，应该考虑哪些方面的因素，才能雕刻出精美的作品？

2）练一练

①常见的菜雕原料以及各自的特性。

②菜雕的雕刻工具以及磨制方法。

1.2.6 总结与提高

①经过这次任务的学习，你总结了这些经验：

②你有怎样的感想与反思：

任务 ③ 瓯越菜雕的常用刀法和保存方法

1.3.1 菜雕的执刀手法

雕刻手法是指在雕刻过程中，手执刀的一种姿势。在菜雕过程中，只有执刀的姿势随着作品形态的变化而变化，才能表现出预期的效果，符合主题的要求。所以，只有掌握了执刀的方法，才能运用各种刀法雕刻出好的作品。以下介绍常见的雕刻手法。

1）执笔式手法

执笔式手法也称执笔式，是指握刀的姿势形同握笔的执刀手法，即拇指、食指、中指捏稳刀身，其余二指作为支撑点。

图1.66 执笔式手法1

图1.67 执笔式手法2

2）横刀式手法

横刀式手法也称握柄式，是指右手四指横握刀柄、拇指作为支撑点的执刀方法。在运刀时，四指上下运动，拇指则按住所要刻的位置。在完成每一刀操作后，拇指自然回到刀刃的内侧。

图1.68 横刀式手法1

图1.69 横刀式手法2

3）戳刀手法

戳刀手法与执笔手法大致相同，拇指、食指和中指握住戳刀的前部，无名指和小拇指抵住原料起到支撑的作用。其雕刻过程是由手指和手腕配合用力完成的，最大区别在于小拇指与无名指必须抵住原料，以保证运刀准确，不出偏差。此方法主要用于握戳刀，常用于雕刻羽毛、菊花等。

图1.70 戳刀手法1

图1.71 戳刀手法2

1.3.2 菜雕的常用刀法

在雕刻过程中，常常要运用各种施刀方法。以下介绍几种常用的菜雕刀法。

1）切

切是一种辅助刀法，很少单独使雕品成型，一般用平面刻刀或小型切刀操作。

（1）直切

直切就是刀背向上、刀刃向下，左手按稳原料，右手持刀，刀与原料和案板呈90°，垂直切下，使原料分开的一种刀法，主要用于不规则的大块原料的最初加工处理。它能使不平整的原料在厚、薄、长、短上更加明显地表现出来，有助于雕刻作品的造型设计。此外，直切还可以用于雕刻时的"定大型"，使后面的雕刻变得简单省事，加快雕刻速度。

图1.72 直切

图1.73 持刀正面

图1.74 持刀背面

（2）斜切

斜切，即操作时刀与原料、案板不呈直角的一种切法，其他要求和直切一样。斜切时，原料一定要先放稳。左手按稳原料，右手根据所需要的角度持刀，手眼并用，使刀按要求切下去。

（3）锯切

进行锯切操作时，一般选用窄而尖的刀具。左手按稳原料，右手持刀，先将刀向前推，然后再拉回来，一推一拉像拉锯子一样。这种锯切刀法主要适用于韧性较大或太嫩的原料，熟食原料多采用锯切的刀法。

（4）压切

压切主要是指将刀具放在原料的表面，然后施加压力将原料切下的一种方法。这种方法主要用于平刻。使用时，要注意原料的厚度不能超过刀具的深度。下压切时，最好在原料的下面垫上木板，防止伤手。

2）削

一般把刀在原料上悬空笔直推出去或者拉回来的操作叫做削，运刀路线为直线或者弧线，这是在雕刻前期使用的一种最基本的刀法，主要是将雕刻用的原材料削得平整光滑或削出所需要的轮廓，一般有直削与弧削两种。

图1.75　直削

图1.76　弧削

3）刻

刻是雕刻中的主要刀法，用途较广，一般用直头刻刀、弯头刻刀、圆口刀操作，根据刀与原料接触的角度，可分直刻与斜刻两种。

4）旋

旋是多种雕刻中不可或缺的一种刀法，也是一种用途极广的刀法。它可将雕刻作品单独旋刻成型。一般用平面刀、弧面刻刀进行操作。

图1.77　刻

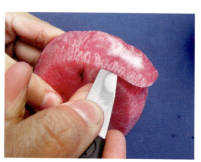
图1.78　旋

5）戳

戳是用途较广的一种刀法。主要用于雕刻花卉和禽类羽毛。一般用戳刀操作。

图1.79　戳

1.3.3　502胶水的使用方法

在制作某些大型雕刻作品或雕刻原料不够大、缺料时，就需要对原材料进行粘接。粘接是现代菜雕中重要的雕刻方法。粘接前的粘接面要切平整，擦干水分。粘接的材料主要是502胶水，这也是现代菜雕中常用的粘接材料，它能使加工成型的原料很快、很牢固地粘接在一起。可以说，502胶水在菜雕中的应用，在一定程度上促进了菜雕技艺的发展。但是，502胶水是一种化工产品，在使用时存在一定的危险性，操作中要注意安全，特别是防止胶水粘到眼睛等部位。还要特别注意食品卫生问题，防止其污染食品。

图1.80　胶水1

图1.81　胶水2

1.3.4　菜雕的基本要求

由于菜雕具有较强的工艺性，所以制作时应该根据不同的需求去精心构思和制作。在时间充足的情况下，每一个从业者对自己的作品质量不能只求"大概""差不多"，而应以"美"为准则。菜雕作品和其他工艺美术品一样，在艺术创作上是没有上限的。雕刻出的作品，有的以观赏为主，不能食用，有的既能食用又能观赏。菜雕是一种充满诗情画意的艺术，它需要主题明确、结构完整、形态逼真、切忌粗制滥造、形象庸俗的作品。为使菜雕作品达到最佳效果，应该掌握以下基本要求：

1）选择新鲜的原料

在选择菜雕原料时，要注意原料的新鲜度，特别是一些植物性原料，如果距离采摘时间

过长，就会发蔫、干瘪，质地绵软，不便雕刻。如果选用腐烂变质的原料，则会对菜肴造成直接污染，影响食用者的健康。

2）因材施艺

制作者要雕刻出精美的作品，必须学会根据原料的质地（如脆嫩度）、大小、形状、弯曲度、色泽变化等特点，进行构思和创作，另外还要节约原料，使物有所值、物尽其用。

3）主题突出，形象逼真，具有审美感

在雕刻前首先应确定主题，构思出所要雕刻作品的基本结构和大致造型，确保主题突出。同时也要考虑到一些附件陪衬品的点缀作用，做到合理用料，精雕细刻，周密布局，突出主题，富有特色。

4）品名要吉祥雅致

菜雕作品会给人以艺术美的享受。因此，菜雕的主题应该惹人喜爱，富有吉祥寓意，如"龙凤呈祥""百鸟朝凤""松鹤延年""龙马精神"等，但不可以牵强附会，滥用辞藻。

5）装饰与食用相结合，突出菜肴风格

菜雕可用于冷菜和热菜的造型。另外，用于大型展台时，这些作品主要是烘托气氛，具有较高的艺术审美性，而不作食用用途。

6）讲究卫生

菜雕成品，必须讲究卫生，切不可被污染。

1.3.5 菜雕成品、半成品的保存方法

菜雕是一门造型艺术，更是烹饪文化百花园中的一朵奇葩，它能化平庸为神奇，使大小宴会面目一新，但它又和其他工艺美术品有所区别。菜雕作品，有的是以观赏为主，不能食用，有的则集观赏和食用于一体。因为菜雕所用的材料容易腐蚀，雕刻工艺性比较复杂，制作时间因作品的难易程度而异，所以菜雕作品在制作过程中存在半成品的保存问题，而在作品完成后又存在成品的保存问题。下面以果蔬类作品为例，介绍菜雕半成品和成品的保存方法。

1）菜雕半成品的保存方法

（1）包裹保存法

把菜雕的半成品用湿布、保鲜膜或保鲜袋包好，以防止其水分蒸发、变色。尤其要注意的是，千万不要将雕刻的半成品放入水中，因为此时将其放入水中浸泡，其会吸入过量的水分而变软，乃至腐烂，对继续雕刻的质量会产生较大的影响。

（2）低温保存法

将雕刻的半成品用保鲜膜、保鲜袋或保鲜盒包好后放入冰箱或冷库冷藏保存，使之长时间不褪色，质地不变，以便下次继续进行雕刻。

在将菜雕的半成品进行低温保存的过程中，还要继续调节冰箱内的温度。不同原料要求不同的冷藏温度。植物性原料由于具有生命力（即呼吸作用），要求以能抑制新陈代谢的温度为最低保温温度。低温保存的原料不会冻结，能较好地保持其细胞结构、胶体结构及原料的质地和风味特征。但在冷藏温度下，原料中的酶以及由酶催化的各种生化代谢仍未停止，一些嗜冷微生物仍能生长繁殖，食品原料所含化学成分仍能缓慢地进行水分解、氧化、聚合作用等，在一定时间后仍然可以使原料腐败变质。因此，菜雕作品在冰箱里并不能长期保

存，一般保存几天至几周。

2）菜雕成品的保存方法

（1）水泡法

将雕刻好的作品放到清水中浸泡，也可以在水中加入1%的明矾（明矾主要起抗菌和增加作品硬度的作用），并且保持水的清洁。如果发现水变浑浊或有气泡冒出，则需要及时换水。因为作品含有丰富的营养成分，在水中浸泡时，这些成分会逐步流失到水中，引起富营养化，进而引起微生物发酵，使水变浑浊或产生气泡。最好2个小时左右换一次水，这样能保持水的清洁，进而可以使菜雕作品保存时间较长。为了更好地起到保存作用，还可以加点碎冰块，这样效果更佳，以备需要时使用，这也是平时常用的保存方法。

（2）低温保存法

将雕刻好的作品用保鲜膜、保鲜袋或保鲜盒包好，放入冰箱中冷藏保存。冰箱的最佳保存温度应为0~4℃，在这个温度范围内，菜雕作品可以保持新鲜，并且可以有效地防止细菌的生长，也可以防止作品被冷冻，只有温度控制稳定，才能更好地保存菜雕作品。

（3）涂膜保存法

涂膜保存法就是在果实表面涂上一层高分子的液体物质，干燥后成为一层很均匀的膜，可以减少空气与原料发生作用，起到气调作用，从而降低果蔬的呼吸程度，减少营养物质的消耗，保持果蔬雕刻作品的硬度并保持新鲜饱满，以及减少因腐败微生物侵蚀而造成的腐烂。此外，涂膜处理还能增加果蔬作品的光亮度，改善外观。

（4）喷水保鲜法

喷水保鲜法主要应用于较大的展台，在展出期间对作品勤喷水，以保持雕刻作品的润泽度并调节其温度，防止其干枯萎缩或失去光泽。这样可以延长展出时间。

1.3.6　练习与实训

1）想一想

思考一下，美术素描造型的练习对于瓯越菜雕学习有无直接作用？

2）练一练

①菜雕的基本刀法要求。

②水泡法应注意的要点。

③半成品保存的方法类型。

1.3.7　总结与提高

①经过这次任务的学习，你总结了这些经验：

②你有怎样的感想与反思：

项目 **2**

建筑物类雕刻

【项目描述】

中国古代建筑具有悠久的历史传统和辉煌的成就。我国古代建筑也是烹饪美食装饰点缀可借鉴的重要元素。不同地域的建筑艺术风格等各有差异，但其传统建筑在组群布局、空间、结构、建筑材料及装饰艺术等方面却有着共同的特点。古代瓯越建筑的类型很多，主要包括塔、亭、桥等建筑。

建筑物类雕刻是对几何物体知识的运用，需要运用点、线、面、体的概念，可以培养菜雕初学者对物体的观察能力、整体把握能力和塑造能力。通过运用几何形状概括建筑的基本结构，确定建筑的大致形状和比例，利用切、戳、刻等基础雕刻刀法，形象地将其展现。

本项目通过对建筑物类雕刻的练习，让学生提升瓯越雕刻制作技能并掌握制作的相关知识，为今后学习禽鸟类雕刻制作等，从而更好地胜任雕刻工作岗位需求做好准备。

【项目目标】

①了解瓯越建筑的结构、各种建筑物的特点以及雕刻的程序和操作要领。
②掌握初级菜雕技法，熟悉并掌握切、削、旋、刻、戳等基础刀法。
③培育良好的职业素养和精益求精的工匠精神，使其热爱家乡传统文化并传承习俗。
④学会独立完成菜雕制作的岗位工作任务。

【项目实施】

任务 **1** 拱桥雕刻

[主题知识]

图2.1　南塘河石拱桥

图2.2　楠溪江石拱桥

　　跨水架桥，意境之美，雕琢装饰，千姿百态，这也是体现瓯越古桥审美观的一种民族传统。石拱桥是世界桥梁史上出现较早、形式优美，而且结构坚固的一种桥型，它能几十年、几百年甚至上千年横跨在江河之上，发挥其经久不衰的交通作用。在桥栏和桥柱上雕刻着精美的图案，如龙、凤、莲花等，寓意着祥瑞和美好，它们是瓯越灿烂文化中的一个组成部分，在世界上曾为祖国赢得荣誉。

　　拱桥雕刻运用了戳刀雕刻和主刀雕刻技巧，以立体的方式展现了石拱桥的魅力。在不断地探索拱桥雕刻步骤和总结一些操作窍门时，可以运用各种雕刻技法，将瓯越元素形象生动地呈现出来。这些图案和纹样常常富含寓意，寄托着人们的美好愿望，有助于制作出精美的拱桥雕刻作品。

　　拱桥是一种具有很高艺术价值和观赏价值的建筑物。它不仅能够为菜品装饰增色添彩，而且还蕴含着丰富的文化内涵和历史意义。在今天这个快节奏的社会里，我们应该更加珍惜这些宝贵的文化遗产，让它们继续传承下去。

操作要领

①拱桥造型优美，曲线圆润，富有动感，桥洞成型有弧度，各部位比例协调。
②雕刻原料的颜色要丰富，突出果蔬雕刻色彩绚丽的特点。
③作品装饰物件要能体现主次关系，这样成品才能精致美观。

[烹饪实训工作室]

拱桥雕刻

工艺流程

取长方块料→拱形取料→桥面雕刻→栏杆雕刻→楼梯雕刻→作品组装。

拱桥雕刻

操作用料

红萝卜一根、青萝卜一根、心里美萝卜一颗。

工具设备

片刀、墩头、主刀、U形刀、V形戳刀、圆形戳刀、502胶水。

制作步骤

步骤1：选用一段红萝卜作为拱桥原料。先用片刀切出长10 cm、宽4 cm、高3.5 cm的长方体，背面可以不取，取料了的话会影响拱桥成品的大小。可以用水溶性铅笔在长方体上画出拱桥的抛物线，做到两边对称、线条流畅。操作中要注意卫生，做到合理用料。

图2.3　取长方块料

图2.4　取拱桥外形

步骤2：用U形刀在拱桥坯料的下方戳出三个圆孔，当作拱桥的桥洞，在戳桥洞时要注意两面的对称性，用刻线刀在每个桥孔和桥面的外面刻画出轮廓线条，再用主刀取料，要求平整，轮廓线条不脱落，最后成型效果优美自然，让作品达到精益求精的境界。

图2.5　取拱桥桥孔

图2.6　取拱桥栏杆

步骤3：在进行拱桥桥面取料时要注意在栏杆位置留0.5 cm厚的料，这样才能更好地雕刻栏杆，使栏杆更有立体感。桥孔的上方用刻线刀，采用拉横线和直接刻线的方式，运用交替插空的原理雕刻出砖块的图案，这样能使整个作品看上去更加精致。

图2.7　桥面取料

图2.8　桥面砖块雕刻

步骤4：在栏杆的坯料上，先雕刻出0.2 cm粗的柱子，修饰出栏杆的平面，整个平面上的废料要去除干净。在每根柱子的上端修去0.1 cm的余料，露出栏杆柱子，在两根柱子中间修出栏杆的废料，要注意下刀的深度应做到恰到好处，避免将栏杆雕断裂，在进行这一步骤的操作时容易出错，要采用同样的方法在拱桥的两侧雕刻栏杆。

图2.9　拱桥柱子雕刻　　　　　　　　　图2.10　拱桥栏杆雕刻

步骤5：雕刻楼梯是雕刻孔桥的重要一环。首先，要清楚每节楼梯都呈90°角，所以下刀的时候，竖刀和横刀都要按90°角去进行取料；其次，在一个作品中，楼梯的间距、深浅都要一致，不能出现一节很大、一节很小的情况；最后，每节楼梯的废料一定要去除干净。

图2.11　拱桥楼梯雕刻　　　　　　　　　图2.12　两侧楼梯雕刻

步骤6：用心里美萝卜雕刻底座，组装雕刻好的拱桥，用青萝卜雕刻小草和假山，要能起到点缀的作用，注意疏密得当，要有留白，粘接接口过渡自然，作品整齐美观。

图2.13　拱桥组合雕刻作品

[行家指点]

拱桥雕刻作品呈现出小桥流水的意境、江南风格的韵味，且古色古香，其中假山、水草搭配自然。在操作过程中，应注意以下3个方面。

①初坯是整个作品的基础，可以用简单的几何形体去描绘并构建造型框架。

②初步成型的作品要做到有层次，比例协调，重心稳定，整体感强。

③用主刀雕刻桥面、栏杆的时候要用直刀和平刀的刀法。

[创新实验室]

2.1.1　思考与分析

在拱桥雕刻中选用不同原料，如香芋、南瓜、青萝卜等，这样作品的颜色会更加丰富；也可以基于不同造型的拱桥，让作品更精致。思考如何通过零雕整装的形式进行拱桥雕刻。

2.1.2　雕刻拓展训练

根据要求雕刻不同造型的拱桥。

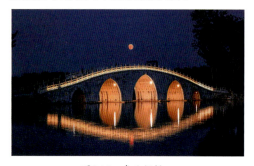

图2.14　多孔拱桥

图2.15　梯形拱桥

任务 2　亭子雕刻

[主题知识]

图2.16　江心屿谢公亭

图2.17　望远亭

亭，是我国建筑中的"特产"，历来就有"有顶无墙"的特征。它是建筑中的一个小类型，一般不构成建筑的主体，只是作为配角，却往往能丰富空间布局，提高人们视觉的兴奋度，从而成为观赏点。亭子以其美丽多姿的轮廓与周围景物构成园林中美好的画面。例如，建造于孤山之南、"三潭印月"之北柳絮飞舞的小岛上的杭州西湖湖心亭，选址极为恰当，四面临水，花树掩映，衬托着飞檐翘角的黄色琉璃瓦屋顶，这种色彩上的对比显得更加突出。岛与建筑结合自然，湖心亭与"三潭印月"、阮公墩三岛如同神话中海上三座仙山一样鼎立于湖心，而在湖心亭上又有历代文人留下"一片山光浮水国，十分明月到湖心"等写景写情的楹联佳作，更增湖心亭的美好意境，而人于亭内眺望全湖时，山光水色，着实迷人。

温州地区的古亭，也是如此，千百年来，瓯越古亭以其实用功能为行人提供了驻息之所和交往空间，又凭借自身精巧秀逸的造型丰富了街景，点缀了环境。亭"造式无定，自三角、四角、五角、梅花、六角、横圭、八角到十字，随合宜则制，惟地图可略式也"。这许多形式的亭，以因地制宜为原则，只要平面确定，其形式便基本确定了。瓯越古亭就在于它可以使游览者"胸罗宇宙，思接千古"，从有限的时间空间进入无限的时间空间，从而引发带有哲理性的人生感、历史感。

通过对亭子的学习，学生可以进一步感受雕刻作品的空间感，理解和掌握菜雕中形体的规律，并且能熟练掌握雕刻刀具的使用方法，灵活运用。

操作要领

①亭子的造型优美，形象逼真，亭檐上翘，弧度自然，各部位比例协调。
②熟练运用刀具刀法，亭子的柱子要做到圆润。
③亭子瓦楞应呈上窄下宽，楞构彼此平行。

[烹饪实训工作室]

亭子雕刻

亭子雕刻

工艺流程

取六边形方块料→亭顶定位取料→瓦片雕刻→柱子雕刻→作品组装。

操作用料

红萝卜一根、青萝卜一根、心里美萝卜一颗。

工具设备

片刀、墩头、主刀、U形刀、V形戳刀、圆形戳刀、502胶水。

制作步骤

步骤1：选用一段红萝卜作为亭子顶的原料。先用片刀切出高5 cm的段，用水溶性铅笔采用6点分割法，确定6个点，两个点之间连接成直线，再用直刀刀法切出一个六边形，做到每个面大小均匀。可以用水溶性铅笔在长方体上画出拱桥的抛物线，做到两边对称，线条流畅。操作中要注意卫生，做到合理用料。

图2.18　取六边形方块料

图2.19　亭顶定位取料

步骤2：在六边形方块料的长方形面上，利用U形刀对着长方形的六个面，在中间位置往上斜着以45°角往圆心处戳，两个边交叉处便是屋檐的位置，这个地方不能太薄，避免瓦片雕刻的料不够。用主刀对着亭子六个面往檐坊处取料，六面均匀，亭顶屋檐突出，六个角自然上翘，瓦楞面线条流畅，最后成型效果优美自然，让作品达到精益求精的境界。

图2.20　亭顶雕刻

图2.21　亭檐雕刻

步骤3：用V形戳刀雕刻瓦楞。瓦楞呈U形面的三角形，利用V形戳刀对着屋檐，戳出线条粗细、间距均匀的线，当作瓦片的沟壑。在亭子顶雕好后反过来的平面上，于六条边每条边的中间进行定点，每个点连接成直线，取出一个六边形。在每个屋檐底下采用三角形取料的方式，取出檐坊，使整个亭顶空间通透，作品整齐美观。

图2.22　瓦楞雕刻

图2.23　檐坊取料

步骤4：用U形刀雕刻亭子的柱子。将红萝卜切成长4 cm、宽4 cm、厚2 cm的块，用小号U形刀对着红萝卜转圈取出圆柱，当作亭子的柱子。再选用白萝卜雕刻柱子的底座，利用白萝卜和红萝卜的色差，这样可以更好体现整个作品。最后，雕刻一个葫芦粘在亭子顶部。

图2.24 柱子雕刻

图2.25 亭柱底雕刻

步骤5：用红萝卜雕刻栏杆，再采用镂空的方式将青萝卜雕刻成假山，然后用心里美萝卜雕刻底座。选用颜色特别绿的萝卜皮来雕刻小草，草雕刻得要细、密才能有草丛的感觉。整个作品布局错落有致，可以很好地体现出亭子的美。

图2.26 亭子组合雕刻作品

[行家指点]

亭子雕刻作品有精巧典雅的效果，设计简洁，突出主体，用点缀物搭配展现鲜艳颜色。在操作过程中，应注意以下3个方面。

①巧妙利用几何图形来定位亭子雕刻初坯，平时要多绘画，雕刻的时候才能做到心中有底、下刀有神。

②亭顶结构要做到有层次，瓦楞清晰，比例协调，整体感强。

③在进行亭子底座雕刻时，要突出亭子主体，点缀要起到画龙点睛的作用。

[创新实验室]

2.2.1 思考与分析

南北亭子的造型各有不同，在雕刻中应该如何表达？思考亭子雕刻的操作要领和注意事项。

2.2.2 雕刻拓展训练

根据要求雕刻不同造型的亭子。

图2.27 双层亭子

图2.28 孪生亭

任务 **3** 宝塔雕刻

[主题知识]

图2.29 净光塔

图2.30 白象塔

宝塔，是中国五千年文明史的载体之一，宝塔为祖国城市山林增光添彩，塔被佛教界人士尊为佛塔。矗立在大江南北的古塔，被誉为中国古代杰出的高层建筑。我国的古塔也是多种多样的，从它们的外表造型和结构形式上来看，可以分为楼阁式塔、密檐式塔、亭阁式塔、花塔、覆钵式塔、金刚宝座式塔、过街塔和塔门等。还有一种在藏传佛教寺院中流行的高台式列塔，即在一座长方形的高台之上建有五座或八座大小相等的覆钵式塔。在菜雕中，经常以宝塔为主题进行雕刻，它们既有精美的外观，也有美好的寓意。

宝塔象征着高贵与高端。它高高在上，令人仰慕，有凛然不可侵犯的气质。在形容高端的艺术和文化时，往往用"象牙之塔"来描述。"聚沙成塔"，也是对宝塔的意义的形象描述。

宝塔，是吉祥的象征，助力人们成就美好人生。不管是白天还是夜晚，宝塔都是指引方向的航标；不管是在陆地还是大海上，它都能驱散迷雾，助力人们一帆风顺。

宝塔，代表光明，象征着美好幸福的生活。宝塔，就像芝麻开花一样，节节升高，寓意着事业高升、学业进步，象征着美好生活像早晨的骄阳，冉冉升起。

宝塔的雕刻方法基本与亭相同，但其更加突出对点、线、面、体的运用，需将多个亭子连接形成一个整体，难度也更大，也能更好地培养初学者的观察能力和整体把控、动手能力。

操作要领

①宝塔的造型挺拔，每层塔檐上翘自然有弧度，窗户、栏杆各部位比例协调。

②刀具刀法运用熟练，宝塔成品无明显刀纹。

③宝塔上层小、下层大的特点要有所凸显，线条要直，每层去废料的厚度应该一致，避免出现塔斜歪的情况。

[烹饪实训工作室]

宝塔雕刻

宝塔雕刻

工艺流程

取六边形长方条料→塔顶雕刻→塔身雕刻→栏杆雕刻→窗户雕刻→作品组装。

操作用料

红萝卜一根、青萝卜一根、心里美萝卜一颗。

工具设备

片刀、墩头、主刀、U形刀、V形戳刀、圆形戳刀、502胶水。

制作步骤

步骤1：选用一整条红萝卜作为宝塔雕刻原料。先在顶端圆的横截面上平均确定六个点，按两个点连接成直线的方式形成一个均匀的六边形。用主刀以70°斜角从上往下削，这是为了更好地把控尺寸，避免破坏底部的圆。操作中要注意卫生，做到合理用料。

图2.31　取六边形长方条料

图2.32　雕刻宝塔顶

步骤2：雕刻宝塔第一层的塔檐，瓦片的位置占一层塔高的一半，用U形刀按照雕刻亭子的方法，修出塔檐和瓦楞的轮廓，再以直刀平取的方式取出塔身的废料，注意每片的废料厚度一致，最后用同样的方法修出每层塔的楼板，留足雕刻栏杆和窗户的空间。在操作中，力求让作品做到精益求精。

图2.33　宝塔第二层雕刻

图2.34　宝塔雕刻

步骤3：用同样的方法雕刻第二层到第七层的塔身，塔身的高度应随着层数的降低而略微提高，雕刻好后的塔身斜面应保持平整，不能有倾斜。在塔檐和楼板之间以直刀下刀定高低，对塔身平刀取料，取出栏杆的位置。在操作中，应注意对下脚料的利用，可以雕刻些小饰件作为点缀，做到物尽其用。

图2.35　栏杆雕刻1

图2.36　栏杆雕刻2

步骤4：雕刻栏杆和窗户。用主刀在栏杆位置刻出两个口，要求深度恰到好处，不能取断，再取出废料呈现栏杆的效果。用U形刀在每层、每个面的栏杆和塔檐中间，转出圆形窗户，刀具大小要根据塔的比例进行调换。利用V形戳刀在塔檐上雕刻瓦楞，由于瓦楞需要完成的量比较大，所以此操作需要耐心和细心，如此才能打造出精品，使整个作品整齐美观。

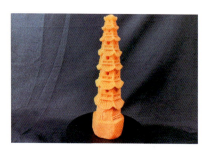
图2.37　窗户雕刻

图2.38　塔顶雕刻

步骤5：用红萝卜雕刻假山底座来搭配宝塔，注意底部衔接，应做到过渡自然。用青萝卜雕刻小草、鹅卵石作为点缀。需要用502胶水进行粘接，使接口过渡自然，才能使作品整齐美观。

图2.39　宝塔组合雕刻作品

[行家指点]

宝塔雕刻作品层次分明，塔型如春笋，瘦削挺拔，塔顶如盖，塔刹如瓶。在操作过程中，应注意以下3个方面。

①要合理控制各层宝塔的塔面高度，雕刻的时候从上到下逐层放大，最好在下刀雕刻前在原料上大概绘制出塔的比例。

②在雕刻塔檐时，每个侧面取料的厚度应该相等，否则会出现塔身歪斜的现象。

③用主刀雕刻栏杆非常考验基本功，下刀深浅要控制得恰到好处。

[创新实验室]

2.3.1　思考与分析

宝塔在现实生活中有很多类，请你去发现和挖掘，结合你所学的技法，思考应如何进行雕刻。思考宝塔雕刻中的操作要领和注意事项。

2.3.2　雕刻拓展训练

根据提示，雕刻不同造型的宝塔。

图2.40　大理宝塔

图2.41　金顶宝塔

[项目评分表]

建筑物类雕刻质量评价表

得分　　指标 任务	规格 标准 10	色彩 搭配 20	造型 美观 20	刀法 精湛 20	用料 合理 10	操作 速度 10	卫生 安全 10	合计
拱桥								
亭子								
宝塔								

学习感想：

花卉类雕刻

【项目描述】

花卉，是大自然赠与人类的一道美丽的风景线。它们以其千姿百态、五彩斑斓，为我们的生活带来了无尽的生机与活力。花卉不仅具有极高的观赏价值，还承载着丰富的文化内涵。在中华文化中，许多花卉都被赋予了特定的象征意义和美称，成为人们表达情感、传递信息的载体。花卉作为瓯越雕刻素材，运用广泛，既可以在大型展台展示，也可以用作菜肴围边装饰点缀。

花卉作为中华文化的重要组成部分，具有丰富的文化内涵和象征意义。通过对花卉的了解和欣赏，结合瓯越雕刻独特的刀法和技法，我们可以更好地领略中华文化的博大精深和独特魅力。

本项目通过对花卉类雕刻的练习，使学生提高瓯越菜雕技能，掌握制作的相关知识，为今后学习鱼虾类雕刻制作、胜任雕刻工作岗位做好准备。

【项目目标】

①了解花卉的结构、各种花卉的寓意以及雕刻的程序和操作要领。

②掌握初级雕刻技法，懂得运用食材颜色，使得作品自然，同时做到突出主体。

③培育良好的职业素养和精益求精的工匠精神，让学生懂得合理运用原料，做到物尽其用。

④学会独立完成食品雕刻制作的岗位工作任务。

【项目实施】

任务 1 花卉类雕刻的基础知识

[主题知识]

图3.1　花卉1

图3.2　花卉2

3.1.1　花

花卉千姿百态，但是花的结构极为相似。花由五个部位组成：花冠、花萼（萼片）、花托、花柄（花梗）、花蕊（雄蕊、雌蕊）（图3.3）。

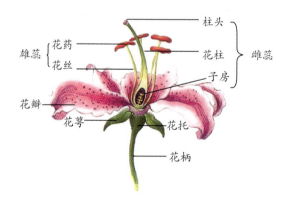

图3.3　花的结构

花冠是一朵花中所有花瓣的总称，位于花萼的上方或内方，排列成一轮或多轮，大多具有鲜亮的色彩，在花开放以前能保护花的内部结构，在花开放以后靠美丽的颜色招引昆虫前来传粉。因形似王冠，故称"花冠"。花被的内部一般分为花瓣和花萼两部分，但有些花的花瓣和花萼极为相似，在这种情况下它们就统称为花瓣了，典型的花的花瓣颜色非常鲜艳且形状多样。

花萼是花的最外一环，能保护花蕾的内部。花萼由一环完整的萼片组成，通常为绿色。

萼片彼此分离的叫做离萼，萼片彼此合生的叫做合萼，合萼下端被称为萼筒，上端分离部分被称为萼裂片；两轮萼裂片的外轮被称为副萼，如大红花等锦葵科植物就有副萼。

花托是花柄或小梗的顶端部分，一般略微呈膨大状，花的其他各部分按一定的方式排列在它上面，由外到内依次为花萼、花冠、雄蕊群和雌蕊群，它也是花的各部分生长附着之处，形状不一，依各类植物而定。在藻类学中，花托是褐藻类或鹿角菜科等不等毛植物的尾部分叉结构。花柄是单生花的柄或者花序中每朵花着生的小枝。它支持着花，使花位于一定的空间位置；同时它又是茎和花相连的通道。花柄的长短因植物种类而异，也有无花柄的花。花梗有的不分枝，有的分枝，分枝的花梗被称为小梗。

花蕊一般分为雄蕊和雌蕊，根据雌蕊和雄蕊的状况，花可以分为两种：一朵花中，雄蕊和雌蕊同时存在的，叫做两性花，如桃、小麦的花。一朵花中只有雄蕊或只有雌蕊的，叫做单性花，如南瓜、丝瓜的花。花中只有雄蕊的，叫做雄花；只有雌蕊的，叫做雌花。雌花和雄花生在同一植株上的，叫做雌雄同株，如玉米。雌花和雄花不生在同一植株上的，叫做雌雄异株，如桑。

3.1.2 叶

叶一般由叶片、叶柄和托叶三部分组成，这三部分都有的叫做完全叶，如棉花、桃豌豆等植物的叶，而缺少其中任何一部分或两部分的叶则称不完全叶，如甘薯、油菜、向日葵等的叶缺少托叶，烟草、莴苣等的叶缺少叶柄和托叶。还有些植物的叶甚至没有叶片，只有一扁化的叶柄着生在茎上，称叶状柄，如台湾相思树等。

图3.4 叶的结构

叶片是叶最重要的组成部分，多为薄的绿色扁平体。这种薄而扁平的形态具有较大的表面积，能缩短叶肉细胞与叶表面的距离，起支持和输导作用的叶脉呈网状。叶片内分布着大小不同的叶脉，沿着叶片中央纵轴有一条最明显的叶脉，其被称为主脉，其余的叶脉被称为侧脉。双子叶植物由主脉向两侧发出许多侧脉,侧脉再分出细脉,侧脉和细脉彼此交叉形成网状,称为网状脉;单子叶植物的主脉明显,侧脉由基部发出直达叶尖,各叶脉平行,称为平行脉。一些低等的被子植物、蕨类植物和裸子植物叶脉呈二叉分枝,形成叉状脉,这是比较原始的叶脉类型。

叶柄是紧接叶片基部的柄状部分,其下端与枝相连接。叶柄主要起疏导和支持作用,叶柄能左右生长,从而改变叶片的位置和方向,使各叶片不至于互相重叠,可以充分接受阳光照射,这种特性被称为叶的镶嵌性。

托叶是叶柄基部的附属物,常成对而生。它的形状和作用因植物种类的不同而异,托叶除对幼叶有保护作用外,有的绿色托叶还可以进行光合作用。

3.1.3 花卉雕刻基本要点

雕刻花卉的基本要点是要掌握三度,即角度、深度、厚度。

角度指花瓣层与花瓣层的角度,如第一层花瓣与第二层花瓣之间的角度,第二层花瓣与第三层花瓣之间的角度。角度大,花瓣的层数就要少些;角度小,花瓣的层数就要多些。不管什么花,其层与层之间的角度都应该是一致的。以雕刻月季花为例,月季花的雕刻形式有开放式和含苞欲放式。开放式的角度比较好处理,角度大一些就可达到理想效果;含苞欲放式在处理第三层花瓣时角度必须为90°,只有达到该角度,第四层花瓣才可能包裹住,处理花心时才能达到含苞欲放的效果。此种处理方法适合多数圆形的花卉雕刻。

深度指剔废料或刻花瓣时下刀的深浅。下刀的深浅直接影响着花瓣的长短和花心的大小。以牡丹或月季花为例,如果在剔废料和刻花瓣时下刀较深,则花瓣较长且花心较小;如果下刀较浅,则花瓣较短且花心较大。雕刻玫瑰花或郁金香时尤其要注意对其深度的处理,花瓣的深度一定要够,否则花瓣不能自然弯曲,无法呈弧形。

厚度指花瓣的厚度。不论刻哪一种花,花瓣均应该厚薄均匀、光滑平整、形态规矩,且边缘稍薄、根部稍厚。如果花瓣边缘太厚,则会显得笨重而不好看,如果花瓣根部太薄,花瓣会太软,挺不住型。月季花等五瓣型花卉的花瓣厚度要薄一些,大丽花、荷花、睡莲、玉兰花等要厚一些,百合等柱型花卉要做到上薄下厚。掌握好角度和深度的关键,是修好轮廓、剔好废料,特别是剔除废料,这是最难掌握的环节。很多人都说,我已经掌握了刻花的步骤,也会切轮廓,也会刻花瓣,但就是剔不好废料。剔,虽然只是刻花诸多步骤中的一步,但它会影响花瓣的层次、花心的大小、下一级花坯的形状。剔废料要求下刀准确,干净利索。

 **菊花雕刻**

[主题知识]

图3.5　菊花

菊花是中国十大传统名花之一，也是花中四君子之一以及世界四大切花之一，在中国古代，菊花有许多精神内涵，例如，菊花有"花中隐士"的雅称，又被誉为"十二客"中的"寿客"，有吉祥、长寿的含义。菊花作为一种丰富多彩的花卉，其不同的颜色代表着不同的花语和寓意。白色菊花代表着悲伤和哀悼，通常用于丧事，表达对逝去亲人的尊敬和怀念之情。红色菊花象征着喜庆和快乐，寓意着如火的热情和真挚的爱意。黄色菊花寓意着飞黄腾达，象征着事业的顺利和成功，同时也代表高尚、高洁和尊敬，适合赠送给长辈和老师，寄托对他们的敬重之情。

菊花雕刻需要运用戳刀雕刻和粘贴的技巧，以独特的方式展现菊花的美丽。深入探索制作菊花雕刻的步骤和一些窍门，有助于制作出精美而独特的菊花雕刻作品。无论是作为艺术品还是装饰品，这些作品都能够展现出菊花的美丽，让人们感受到传统艺术的魅力。

操作要领

①菊花雕刻要求花瓣长短不一，但是每层的花瓣相对均匀。菊花花心的雕刻要特别精致。

②雕刻原料最好颜色要丰富，突出花卉雕刻色彩绚丽的特点。

③作品整体的比例要协调，两朵花大小要有差异，作品中要体现主次关系，这样成品才精致美观。

[烹饪实训工作室]

菊花雕刻

菊花雕刻

工艺流程

菊花花心雕刻→花瓣雕刻→花心粘接→花瓣粘接→菊花叶片雕刻→作品组装。

操作用料

黄萝卜一根、青萝卜一根、心里美萝卜一颗、红萝卜两根。

工具设备

片刀、墩头、主刀、U形刀、V形戳刀、圆形戳刀、502胶水。

制作步骤

步骤1：选用黄萝卜一根、青萝卜一根、心里美萝卜一颗、红萝卜两根作为原料。根据作品颜色搭配进行用料的合理分配，先用V形戳刀整齐有序地拉出花瓣细纹，花瓣大小要均匀，不能有断裂，使用同样的手法雕刻两三片花心的整体花瓣。在红萝卜切面上用U形刀拉出每层长短不一的花瓣，每层20片左右，要求花瓣完整，有弯曲的弧度。在操作中，要注意卫生，做到合理用料。

图3.6　选料

图3.7　花心雕刻

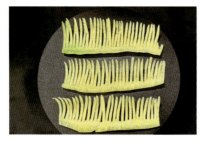

图3.8　花心花瓣

图3.9　花瓣雕刻

图3.10　外层花瓣

图3.11　所有花瓣

步骤2：将用黄萝卜雕刻的花心用卷包法，从小到大卷包起来，最外面用胶水固定，做到花瓣紧紧包裹，最好能呈现花苞的效果。每层的花瓣按先小后大的顺序粘接，每层的长短、大小要一致，下一层花瓣粘接在上一层两片花瓣之间，最后成型效果优美自然，让作品达到精益求精的境界。

图3.12　花心粘接

图3.13　花瓣粘接1

图3.14　花瓣粘接2

图3.15　第一层花瓣效果

图3.16　第二层花瓣效果

图3.17　第三层花瓣效果

图3.18　第四层花瓣效果

图3.19　粘接两朵菊花

　　步骤3：用青萝卜雕刻菊花叶片。可以用树枝作支撑，也可以雕刻一个底座，以起到固定菊花的作用，同时还要考虑作品的整体效果，有序粘上叶片，叶片要能起到点缀的作用，注意疏密得当，要有留白，粘接接口过渡自然，作品整齐美观。

图3.20 组合作品1　　　　　　　　图3.21 组合作品2

[行家指点]

菊花作品花型绚丽，色彩搭配鲜艳，花瓣弯曲自然、呈紧包状。在操作过程中，应注意以下3个方面。

①手持U形刀要稳，用力均匀。

②花瓣底部略微厚点，这样在粘接时候方便花瓣受力，雕刻花心时最后要呈紧包状。

③两朵菊花最好有大小、主次之分，并且特别要注意每层花瓣大小的变化。

[创新实验室]

3.2.1　思考与分析

在菊花雕刻中选用不同原料，思考如何拼接出多重颜色，使作品看上去色彩更加丰富。同时考虑以整体雕刻的形式进行菊花雕刻。

3.2.2　雕刻拓展训练

用南瓜和心里美萝卜雕刻不同造型的菊花。

图3.22 菊花菜雕（南瓜）

图3.23 菊花菜雕（心里美萝卜）

任务 3 大丽花雕刻

[主题知识]

图3.24 大丽花

　　大丽花是一种绚丽多姿、富丽堂皇的花卉，适合用于展台装饰和菜肴围边点缀，主要采用U形刀进行花卉雕刻。大丽花的花形大，花色艳丽，象征着"大方、富丽"，代表大吉大利、喜庆之事。大丽花的花色丰富，开花时间长，但凋谢却很突然，象征着背叛、善变。此外，大丽花的花语因花色不同而不同，例如，紫色大丽花的花语是气质，白色大丽花的花语是大方，粉色大丽花的花语是感激，黑色大丽花的花语是背叛。

　　大丽花雕刻作品涉及戳刀的雕刻运用技巧，主要需要练习的就是戳的雕刻方法，要做到取料干净，雕刻角度正确，这才是制作出精美大丽花雕刻作品的关键。

操作要领

　　①在进行大丽花雕刻时，花瓣要逐层变大，但是每层的花瓣应相对均匀。

　　②雕刻时应选用色彩丰富的原料，以突出花卉雕刻色彩绚丽的特点。

　　③作品整体的比例要协调，两朵花的大小要有差异，作品中要体现主次关系，这样成品才精致美观。

[烹饪实训工作室]

大丽花雕刻

大丽花雕刻

工艺流程

雕刻半圆球坯→大丽花心雕刻→大丽花瓣雕刻→大丽花底雕刻→作品组装。

操作用料

心里美萝卜一颗、青萝卜一根。

工具设备

片刀、菜墩、主刀、U形刀、502胶水。

制作步骤

步骤1：选用一颗心里美萝卜和一段青萝卜作为大丽花雕刻的原料。先用主刀将心里美萝卜修成一个半球形，表面光滑，无明显刀纹。圆球顶端预留雕刻花心的位置，在修圆时可以留点绿皮在表面，如此便可以巧妙利用原料原有的颜色，体现大丽花绚丽多彩的特点。在操作过程中，要注意卫生，做到合理用料。

图3.25 原料刀具

图3.26 取半球形

步骤2：用U形刀在圆球顶部转出一个圆，边缘处平刀取料，突出圆心，再将边上的刀纹修干净。雕刻大丽花心时要和整朵花的大小比例得当，做到圆心正、大小适当。再简单的操作步骤都要做到精益求精，这样才能更好地体现工匠精神。

图3.27 花心取料

图3.28 第一层花瓣雕刻

步骤3：雕刻花瓣的工具为U形刀，第一层使用最小号的U形刀雕刻，之后逐层换用更大号的U形刀，雕刻深度也逐层变深。在雕刻第一层花瓣时，在花心圆边上用最小号的U形刀整齐取料一圈，取料的角度为40°，再用同一型号的U形刀以45°斜角在取料的外边雕刻第一层花瓣，每片花瓣的大小、厚薄、深浅一致。

图3.29　第二层花瓣雕刻

图3.30　花瓣取料雕刻

　　步骤4：在雕刻好第一层花瓣后，取平底下不平整的废料。取料时，要控制入刀的深浅，使第一层花瓣与第二层花瓣之间有间隙，突出层次感。以第一层为参照物，于两片花瓣之间雕刻第二层花瓣。依然使用同样的雕刻方法，先取料，然后在取料后的平面上雕刻花瓣。并且，伴随着花瓣层次的逐步递变，所选用的U形刀型号也需相应地逐渐增大。

图3.31　第四层花瓣雕刻

图3.32　第六层花瓣雕刻

　　步骤5：雕刻第七层花瓣用的工具为大号U形刀，雕刻的花瓣错落有致、无破损，取料干净，无废料夹杂。在收尾时，用U形刀在原料底部转出圆形，当雕刻最后一层花瓣时，要戳得深，和底部圆圈相连接，废料即可自然脱落，使得整朵大丽花精美呈现。

图3.33　第七层花瓣雕刻

图3.34　大丽花底部雕刻

　　步骤6：用相同的雕刻方法，雕刻一朵略微小点的大丽花，两朵花要有大小的对比，才能使作品显得更生动。

图3.35 大丽花雕刻

图3.36 雕刻两朵大丽花

步骤7：用青萝卜雕刻大丽花叶片。可以用树枝作支撑，也可以雕刻一个底座，起到固定大丽花的作用，并且还要考虑作品的整体效果。在有序粘上叶片时，叶片要能起到点缀的作用，注意疏密得当，要有留白，粘接接口过渡自然，作品整齐美观。

图3.37 大丽花组合作品

[行家指点]

大丽花作品花型绚丽，色彩搭配鲜艳，花瓣呈鱼鳞状层层叠叠。在操作过程中，应注意以下3个方面。

①手持U形刀要稳，用力均匀。

②每层的花瓣都要雕刻在上一层两片花瓣之间，花瓣的大小要逐渐增大。

③两朵大丽花最好有大小、主次之分，并且特别要注意每层花瓣大小的变化。

[创新实验室]

3.3.1 思考与分析

大丽花在现实生活中有很多品种，怎样雕刻才能更好地体现出其绚丽多彩的特点？思考应该如何雕刻花瓣更尖的大丽花。

3.3.2 雕刻拓展训练

根据花瓣的形状，雕刻不同造型的大丽花。

图3.38 绒球型大丽花

图3.39 仙人掌型大丽花

月季花雕刻

[主题知识]

图3.40 月季花

月季花是蔷薇科属的常绿、半常绿低矮灌木。叶子为羽状复叶，表面深绿有光泽而叶背青白，且无毛面，具有小托叶。花分单瓣和重瓣，重瓣色为深红且略似玫瑰。花色以红色为主，其他花色包括白、黄、粉红、玫瑰红等。因一年四季不分春、夏、秋、冬皆能见花而得名，又因其每月近乎开花一次而被称为"月月红""长春花"，也是中国十大名花之一。月季被誉为"花中皇后"，因其有一种坚韧不屈的精神，花香悠远。在不同的场景下，月季花的寓意也不一样。在家庭中，寓意万代长春；插在花瓶中，寓意四季平安，象征着吉祥；在寿宴上出现，则寓意着长生不老，祝福老人能够长命百岁。

月季花雕刻综合使用了切、旋、刻等主要刀法，因此月季花雕刻在花卉雕刻里有着举足轻重的位置。如果能够雕刻月季花，就能轻松学会雕刻其他花卉。月季花为五瓣，呈含苞欲放状，花瓣为圆形。

操作要领

①月季花雕刻花瓣呈圆形，花瓣厚薄、大小均匀，无残缺，就各个层次的花瓣而言，其数量分布依次为5、5、4、3、2片。

②月季花造型完整，层次清晰，废料应去除干净。

③刀法熟练，无破损、无刀痕。

[烹饪实训工作室]

月季花雕刻

月季花雕刻

工艺流程

月季花花坯雕刻→第一层花瓣雕刻→花心花瓣雕刻→月季花叶片雕刻→作品组装。

操作用料

心里美萝卜一颗、青萝卜一根。

工具设备

片刀、墩头、主刀、V形戳刀、502胶水。

制作步骤

步骤1：选用心里美萝卜一颗、青萝卜一根作为雕刻月季花的原料。雕刻含苞欲放式的五瓣月季花，把月季花最美丽的一面展现出来。取半颗心里美萝卜，以平面圆较小的一面为底，较大的一面为花顶，在底部用水性铅笔平均确定五个点，用直线将相邻的点连接起来，以这条直线为基准，使用握柄式手法从上至下取料，均匀取出五等分的花坯，注意每个面光洁、大小均匀。

图3.41　花瓣五等分　　　　　　　　图3.42　五瓣取料

步骤2：月季花的花瓣呈圆形，初学者可以在五等分的花坯上先画出最大的花瓣的形状，利用执笔式的拿刀方法，用主刀浅浅地沿着画的线进行定位。再用握柄式的拿刀方法将花瓣取下来，要求上薄下厚，这样花瓣才能挺立起来，用同样的方法雕刻出第一层的五片花瓣，每片花瓣的厚薄、大小都要一致。在雕刻中，处处都要体现精致的细节，让作品达到精益求精的境界。

图3.43　第一层花瓣雕刻　　　　　　图3.44　第二层花瓣定位

步骤3：在进行第二层取料时，需将其取成上大下小的圆台形状。操作时采用执笔式，将雕刻第二层花瓣时产生的废料去除，必须确保既不会损坏第一层的花瓣，又能完整地取下废料，这一步骤考验的就是同学们对刀的掌控能力，唯有通过大量反复的练习，才能够熟练驾驭。在第一层两片花瓣中间雕刻第二层的花瓣，先用水溶性铅笔大致勾勒出花瓣的样子，再用主刀浅浅地描绘出花瓣的外形，最后将紧贴着花瓣的外形均匀取出来。每雕好一片花瓣都要再进行第二片花瓣的取料，以此类推，雕刻出第二层的五片花瓣，这个环节非常考验同学们的耐心，只要辛勤地练习，相信每位同学都能很好地完成这一任务。

图3.45　第二层花瓣雕刻1　　　　　　图3.46　第二层花瓣雕刻2

步骤4：对第三层花瓣进行取料，将圆台取成上下一致的圆柱形，在圆柱的表面雕刻第三层花瓣。其雕刻方法同第二层花瓣的雕刻要点一致，即每雕刻一片花瓣，取一片废料，且下一片花瓣要雕刻在上一层两片花瓣之间。每片花瓣需确保表面光洁，取料干净利落。在进行第三层雕刻的时候，花瓣应呈现出紧包的效果，这样成型效果才能优美自然，让作品达到精益求精的境界。

图3.47　第三层花瓣取料　　　　　　图3.48　第三层花瓣雕刻

步骤5：雕刻花心的圆台时，取成上小下大的形状，每片花瓣位于上一层两片花瓣之间，花瓣外沿无破损，底部废料去除干净。初学者在雕刻花心时，会出现花苞无法紧包、花瓣破损严重等问题，在练习中可以根据视频的操作进行学习，反复练习必能掌握该项技能。

图3.49　第四层花瓣取料

图3.50　第四层花瓣雕刻

步骤6：用青萝卜片雕刻月季花的叶子，在操作前可以用水溶性铅笔先在萝卜表面画出叶子的大概雏形，再用V形戳刀戳出叶脉，最后取叶片的时候主刀要以斜刀的方式下刀，这样取的叶子才会有轻薄的效果。

图3.51　第五层花瓣雕刻

图3.52　月季花叶子雕刻

步骤7：再雕刻一朵含苞欲放式的月季花：一朵花苞，三四片月季花叶子。用树枝作支撑，再进行组合。用胶水粘接，确保过渡自然，作品整齐美观。

图3.53　月季花组合作品

[行家指点]

月季花作品花瓣层次清晰，花苞紧实而含蓄，色彩搭配鲜艳，形象逼真。在操作过程中，应注意以下3个方面。

①进行花瓣雕刻时刀法要稳，用力均匀，花瓣要做到上薄下厚，边缘无破损。

②取料时，对刀纹深度的把控要恰到好处，花瓣底部的废料要去除干净。

③巧用月季花的结构图，花瓣雕刻才能更形象。

[创新实验室]

3.4.1 思考与分析

思考如何在月季花雕刻中拼接出多重颜色，使作品看上去色彩更加丰富。同时考虑以零雕整装的形式进行月季花雕刻。

3.4.2 雕刻拓展训练

根据月季花花苞和全开时的造型进行雕刻。

图3.54 花苞型月季花

图3.55 盛开型月季花

任务 5 牡丹花雕刻

[主题知识]

图3.56 牡丹花

牡丹花的寓意是富贵、平安。牡丹花色泽艳丽,玉色珠香,富丽堂皇,故有"国色天香"之称,千百年来被拥戴为"花中之王"。

牡丹花的花朵宽厚,花朵硕大而美丽,花瓣层层叠叠,给人一种高贵华丽之感。在作品中将牡丹花和鱼搭配,这时牡丹花和鱼便象征着富贵有余,牡丹花最本质的寓意是富贵,而鱼则和"余"谐音,这时候该作品就拥有了富贵有余的美好寓意。在作品中将牡丹花和凤凰搭配在一起,寓意也十分美好,凤凰是百鸟之首,牡丹是百花之首,如此,该组合作品象征繁荣、吉祥、如意。此外,将牡丹花和海棠花搭配在一起时,则有富贵满堂的美好寓意。牡丹以其富丽饱满的形态和艳丽夺目的色泽,在国人心目中享有特殊的地位。作为民族精神的象征,它融入了人们对生活的美好憧憬和真挚祝愿,其承载的寓意彰显着中华民族的繁荣昌盛与历史文化的源远流长。

操作要领

①牡丹花造型完整无残缺,形象逼真。
②花瓣厚薄均匀,层次分明,边缘波浪线十分明显。
③废料去除干净,无刀痕。

[烹饪实训工作室]

牡丹花雕刻

工艺流程

牡丹花花坯雕刻→第一层花瓣雕刻→花心花瓣雕刻→牡丹花叶片雕刻→作品组装。

操作用料

心里美萝卜一颗、青萝卜一根。

工具设备

片刀、菜墩、主刀、U形刀、V形戳刀、502胶水。

制作步骤

步骤1:选用心里美萝卜一颗、青萝卜一根作为雕刻牡丹花的原料。先取半颗心里美萝卜,以平面圆的小面为底,大面为花顶,在底部用水溶性铅笔平均确定五个点,相邻点之间用直线连接,以这条直线为基准,以握柄式方式从上至下取料,均匀取出五等分的花坯,注意要做到表面光洁、大小均匀。

图3.57　原料工具

图3.58　花坯五等分

步骤2：牡丹花的花瓣呈圆形，花瓣边缘呈波浪形，用U形刀，在边缘连续戳出牡丹花花瓣。再用主刀以握柄式的拿刀方式将花瓣取下来，要求上薄下厚，这样花瓣才能很好地挺立，用同样的方法雕刻出第一层的五片花瓣，每片花瓣的厚薄、大小都要一致。在雕刻中，处处都要体现精致的细节，让作品达到精益求精的境界。

图3.59　第一层花瓣取料

图3.60　第一层花瓣定型

图3.61　第一层花瓣雕刻

图3.62　第二层花瓣取料

步骤3：进行第二层取料时，取成上大下小的圆台，以执笔式方式，将雕刻第二层花瓣时产生的废料取下。在第一层的两片花瓣之间雕刻第二层的花瓣，用U形刀戳出花瓣的形状，再用主刀紧密贴合花瓣外形均匀地进行取料操作，每雕好一片花瓣后都要进行第二片花瓣的取料，以此类推，雕刻出第二层的五片花瓣。这个环节非常考验同学们的耐心，只要辛勤地练习，相信每位同学都能很好地完成这一任务。

图3.63　第二层花瓣雕刻

图3.64　第二层花瓣取料

步骤4：进行第三层花瓣取料时，将圆台取成上下一致的圆柱形，在圆柱的表面雕刻第三层花瓣。其雕刻方法同第二层花瓣的雕刻要点一致，即每雕刻一片花瓣，取一片废料，且下一片花瓣要雕刻在上一层两片花瓣之间。每片花瓣需确保表面光洁，取料干净利落。在进行第三层雕刻的时候，花瓣应呈现出紧包的效果，这样成型效果才能优美自然，让作品达到精益求精的境界。

图3.65 第三层花瓣雕刻

图3.66 第三层花瓣取料

步骤5：雕刻花心的圆台时，取成上小下大的形状，每片花瓣位于上一层两片花瓣之间，花瓣外沿无破损，底部废料去除干净。初学者在雕刻花心时，会出现花苞无法紧包、花瓣破损严重等问题，在练习中可以根据视频的操作进行学习，反复练习必能掌握该项技能。

图3.67 第四层花瓣雕刻

图3.68 第五层花瓣雕刻

步骤6：花心雕刻好后要有层层紧包的效果，外围废料也应清理干净。用青萝卜片雕刻月季花的叶子，在操作前可以用水溶性铅笔先在萝卜表面画出叶子的大概雏形，再用V形戳刀戳出叶脉，最后取叶片的时候主刀要以斜刀的方式下刀，这样取的叶子才会有轻薄的效果。

图3.69 花心雕刻

图3.70 牡丹叶片雕刻

步骤7：再雕刻一朵含苞欲放式的牡丹花，以及三四片月季花叶子。用树枝作支撑，再进行组合。用胶水粘接，确保过渡自然，作品整齐美观。

图3.71　牡丹花组合作品

[行家指点]

　　牡丹花作品造型优美，花瓣饱满、丰腴，色泽鲜艳，有"富贵荣华""尊贵高贵""美满幸福""吉祥如意"等多种寓意。在操作过程中，应注意以下3个方面。

　　①每层花瓣厚薄、大小均匀，花瓣边缘呈波浪状。

　　②取料时，刀纹的深度要恰到好处，废料应去除干净。

　　③雕刻花心时，注意层层紧包，雕刻5~6层为宜。

[创新实验室]

3.5.1　思考与分析

　　思考如何在牡丹花雕刻中拼接出多重颜色，使作品看上去色彩更加丰富。同时考虑以零雕整装的形式进行牡丹花雕刻。

3.5.2　雕刻拓展训练

　　用零雕整装的方式雕刻不同造型的牡丹花。

图3.72　牡丹花1

图3.73　牡丹花2

任务 6 荷花雕刻

[主题知识]

图3.74 荷花

　　荷花又名莲花，是我国的十大名花之一，其名称繁多，被称为"活化石"。花单生于花梗顶端、高托水面之上，荷花的直径为10～20 cm，美丽、芳香；有单瓣、复瓣、重瓣及重台等花型；花色有白、粉、深红、淡紫、黄或间色等变化；荷叶呈椭圆形至倒卵形，长5～10 cm，宽3～5 cm，由外向内渐小。

　　荷花"中通外直，不蔓不枝，出淤泥而不染，濯清涟而不妖"的高尚品格，历来为人们所歌颂。在瓯越菜雕中，荷花经常会与其他事物同时出现，莲与"连"谐音，荷花搭配鱼，寓意连年有余；荷花搭配梅花，表示和和美美；荷花搭配桂花，表示连生贵子；荷花搭配鹭鸶，寓意一路连科。荷花也象征着纯洁美好的友情与爱情。荷花是百花中唯一一种花果与种子并存的独特植物，有人寿年丰的寓意和纯真爱情的象征意义。当雕刻中有一对荷花时，往往代表并蒂同心。

操作要领

　　①进行荷花雕刻时，要求花瓣长短不一，但是每层的花瓣应相对规整均匀。雕刻荷花花心时要特别细致。

　　②雕刻原料以颜色丰富为佳，突出花卉雕刻色彩绚丽的特点。

　　③作品整体的比例要协调，两朵花的大小要有差异，作品中要体现主次关系，如此方能使成品精致美观。

[烹饪实训工作室]

整雕荷花雕刻

整雕荷花雕刻

工艺流程

荷花花坯雕刻→第一层花瓣雕刻→莲蓬雕刻→荷花叶片雕刻→作品组装。

操作用料

心里美萝卜一颗、青萝卜一根。

工具设备

片刀、墩头、主刀、U形刀、V形戳刀、502胶水。

制作步骤

步骤1：选用心里美萝卜一颗、青萝卜一根作为雕刻荷花的原料。取半颗心里美萝卜，以平面圆的小面为底，大面为花顶，在底部用水溶性铅笔平均确定六个点，将相邻两个点之间用直线连接，以该直线为基准，以握柄式方式从上至下取料，均匀取出六等分的花坯，注意做到表面光洁、大小均匀。

图3.75　原料工具　　　　　　　　　　图3.76　花坯六等分

步骤2：荷花的花瓣像是一把汤匙，中心凹陷，两边翘起，呈椭圆状，顶部较尖。先用水溶性铅笔画出荷花花瓣的形状，再用主刀浅浅地定型，以握柄式的拿刀方法将花瓣取下来，要求上薄下厚，这样花瓣才能很好地挺立起来，用同样的方法雕刻出第一层的六片花瓣，每片花瓣的厚薄、大小都要一致。在雕刻中，处处都要体现精致的细节，让作品达到精益求精的境界。

图3.77　第一层花瓣取料　　　　　　　图3.78　第一层花瓣定位

步骤3：第二层取料类似第一层取料，在第一层两片花瓣之间取下边料，呈现出六个大小一致的花瓣坯料，注意取料到底，花瓣紧密连接。用同雕刻第一层花瓣一致的方法雕刻出第二层花瓣。

图3.79　第一层花瓣雕刻　　　　　　　图3.80　第二层花瓣定位

步骤4：进行第三层花瓣取料时，取成上大下小的圆台，采用执笔式的方式，将雕刻第三层花瓣的废料取下。在第二层的两片花瓣之间雕刻第三层的花瓣，用刀尖对着花瓣浅浅定位，再用主刀紧密贴合花瓣外形均匀地进行取料操作，每雕好一片花瓣后都要进行第二片花瓣的取料，以此类推，雕刻出第三层的六片花瓣。这个环节非常考验同学们的耐心，只要辛勤地练习，相信每位同学都能很好地完成这一任务。

图3.81　第二层花瓣雕刻

图3.82　第三层花瓣取料

图3.83　第三层花瓣定位

图3.84　第三层花瓣雕刻

步骤5：将第三层花瓣雕刻好后，用V型戳刀雕刻荷花花蕊，注意花蕊的丝要先细后粗，紧密相连，不能有断层，取料时不要将花蕊取断了。用U形刀雕刻出莲蓬边缘的波浪形状，每个波浪的大小均匀。最后用小号U形刀在莲蓬的表面取出六至八个圆点，作为莲蓬的孔，同时在青萝卜上取下同等大小的圆点，将其镶嵌在莲蓬内，这样便可以利用原料的颜色形象地突出莲子，呈现的效果更为生动形象。

图3.85　花蕊雕刻

图3.86　莲蓬雕刻

图3.87　莲子雕刻

图3.88　莲子镶嵌

步骤6：用青萝卜雕刻荷花叶片。组装时要考虑作品的整体效果，有序粘上叶片，叶片要起到点缀的作用，注意疏密得当，要有留白，粘接接口过渡自然，作品整齐美观。

图3.89　荷花组合作品

[行家指点]

荷花含蓄、稳重、雅致的特点通过荷花作品得以展现。在操作过程中，应注意以下3个方面。

①荷花花瓣为六瓣，层次为三层，外面两层为开放式花瓣，最后一层为紧包式花瓣。

②花瓣上边薄，底部略微厚些，雕刻的花瓣方能形象展示出花卉的特点，且需将花瓣底部的废料去除干净。

③雕刻莲蓬时，巧用原料的颜色来点缀，还要注意每层花瓣大小的变化。

零雕整装荷花

拼接荷花

荷花组合

工艺流程

荷花花瓣雕刻→莲蓬雕刻→荷叶雕刻→底座雕刻→作品组装。

操作用料

白萝卜一根、红萝卜一根、青萝卜一根、黄萝卜一根、小米。

工具设备

片刀、墩头、主刀、U形刀、V形戳刀、502胶水。

制作步骤

步骤1：选用白萝卜一根、红萝卜一根、青萝卜一根作为雕刻荷花的原料。白萝卜三段取长方体，用水溶性铅笔画出荷花花瓣的形状，每块料要依次增大尺寸，这样雕刻的花瓣才能有层次感。

图3.90 原料工具

图3.91 花瓣取料

步骤2：用主刀根据画好的花瓣边缘修料，用弯刀按中心，使其微微凹陷，两边翘起，呈椭圆状，顶部较尖。依次修出花瓣，每块料修十片，要求上薄下厚，每层花瓣的厚薄、大小都要一致。在雕刻中，处处都要体现精致的细节，让作品达到精益求精的境界。

图3.92 花瓣定型

图3.93 花瓣雕刻

步骤3：取一小段红萝卜，雕刻出莲蓬的初坯。用U形刀戳出莲蓬边缘的波浪形状，这样可以使莲蓬更为逼真。用V形戳刀把黄萝卜雕刻成莲蓬花蕊的造型，取片要薄，太厚容易断。

图3.94 莲蓬雕刻

图3.95 花蕊雕刻

步骤4：将雕刻好的花蕊均匀粘上小米，这样花蕊会更形象。粘的时候不宜用太多胶水，太多容易结块。最后用小号U形刀在青萝卜上取出莲子，置于莲蓬上。

图3.96　花蕊粘接

图3.97　莲子粘接

步骤5：将花瓣从小至大排列，按顺序在莲蓬外粘上第一层花瓣，将第二层花瓣粘在第一层两片花瓣之间，将第三层花瓣粘在第二层两片花瓣之间。在粘接时，注意每层花瓣的倾斜角度。用白萝卜雕刻一朵荷花的花苞，用青萝卜雕刻花枝。

图3.98　花瓣拼接

图3.99　花苞雕刻

步骤6：用水溶性铅笔在青萝卜表面画出荷叶的外形，用主刀雕刻出荷叶。用白萝卜雕刻圆点，作为荷叶的圆心，用刻线刀在荷叶表面，围绕荷叶圆心一周拉出荷叶的叶脉。用白萝卜雕刻出一个扇面，将红萝卜切片进行贴边处理，衬托颜色。用青萝卜雕刻一座假山，采用镂空、镶嵌的手法。

图3.100　荷叶取料

图3.101　荷叶雕刻

图3.102　叶脉雕刻

图3.103　底座雕刻

步骤7：将底座安装好后，进行最后的组合。先安装好主体荷花，再用荷叶、花苞去衬托主体。在整个作品中，注意疏密得当，要有留白，粘接接口过渡自然，作品整齐美观。

图3.104　荷花组合

图3.105　荷叶组合

图3.106　荷花组合作品

[行家指点]

荷花含蓄、稳重、雅致的特点通过荷花作品得以展现。在操作过程中，应注意以下3个方面。

①荷花花瓣为六瓣，层次为三层，外面两层为开放式花瓣，最后一层为紧包式花瓣。

②花瓣上边薄，底部略微厚些，雕刻的花瓣方能形象展示出花卉的特点，且需将花瓣底部的废料去除干净。

③雕刻莲蓬时，巧用原料的颜色来点缀，还要注意每层花瓣大小的变化。

[创新实验室]

3.6.1　思考与分析

如何雕刻荷花花瓣，使其看上去立体感更强？思考雕刻荷花的操作步骤和雕刻要点。

3.6.2 雕刻拓展训练

观察睡莲和荷花的区别，根据睡莲的特点进行雕刻。

图3.107 睡莲

图3.108 荷花

任务 **7** 茶花雕刻

[主题知识]

图3.109 茶花

山茶花作为温州市的市花，树形多矮壮，有一树多花色、一花多色彩的珍品，花色艳丽，千姿百态。栽培的茶花品种繁多，约有200种，著名省级风景名胜区仙岩大罗山的一株金心茶花的树龄甚至超过1200年。

茶花具有温文尔雅、表达尊敬、内外兼修、安宁平静以及坚韧乐观等多重象征意义。茶花凭借其美丽的花朵和较长的花期，成为一种广受喜爱与重视的花卉，深受人们的喜爱和赞赏。它不但是温州的象征，更代表了人们对美好生活的向往和追求。

茶花作品运用了切、旋、刻等主要刀法和装饰搭配技巧，学习中要秉持着精益求精的工匠精神，这样才能制作出精美的雕刻作品。

操作要领

①进行茶花雕刻时，花瓣圆中带尖，每层五片花瓣，无残缺，造型优美，形象逼真。

②花心大小要适当，略低于外边花瓣，废料取料做到干净无刀痕。

③作品整体的比例要协调，两朵花大小要有差异，在作品中要体现主次关系，这样成品才精致美观。

[烹饪实训工作室]

茶花雕刻

茶花雕刻

工艺流程

茶花花坯雕刻→花瓣雕刻→叶片雕刻→作品组装。

操作用料

红萝卜一根、青萝卜一根。

工具设备

片刀、墩头、主刀、502胶水。

制作步骤

步骤1：选用红萝卜一根、青萝卜一根作为雕刻茶花的原料。先将红萝卜取为高5～6 cm的段，以平面圆的小面为底，大面为花顶，在底部用水溶性铅笔平均确定五个点，相邻点之间用直线连接，以这条直线为基准，以握柄式方式从上至下取料，均匀取出五等分的花坯，注意要做到表面光洁、大小均匀。

图3.110　花瓣五等分

图3.111　第一层花瓣取料

步骤2：用水溶性铅笔在坯面上画出花瓣的外形，用刀尖浅浅地刻画出花瓣的轮廓。再用主刀浅浅地定型，以握柄式的拿刀方法将花瓣取下来，要求上薄下厚，这样花瓣才能很好地挺立起来，用同样的方法雕刻出第一层的五片花瓣，每片花瓣的厚薄、大小都要一致。在雕刻中，处处都要体现精致的细节，让作品达到精益求精的境界。

图3.112　第一层花瓣定位

图3.113　第一层花瓣雕刻

步骤3：第二层取料类似第一层取料，在第一层两片花瓣之间取下边料，呈现出五个大小一致的花瓣坯料，注意取料到底，花瓣紧密连接。用同雕刻第一层花瓣一致的方法雕刻出第二层花瓣。

图3.114 第二层花瓣取料　　　图3.115 第二层花瓣雕刻

步骤4：进行第三层花瓣取料时，取成上大下小的圆台，采用执笔式的方式，将雕刻第三层花瓣的废料取下。在第二层的两片花瓣之间雕刻第三层的花瓣，用刀尖对着花瓣浅浅定位，再用主刀紧密贴合花瓣外形均匀地进行取料操作，每雕好一片花瓣后都要进行第二片花瓣的取料，以此类推，雕刻出第三层的五片花瓣。这个环节非常考验同学们的耐心，只要辛勤地练习，相信每位同学都能很好地完成这一任务。

图3.116 第三层花瓣雕刻　　　图3.117 第四层花瓣雕刻

步骤5：雕刻第二朵大小不同的茶花，用青萝卜雕刻茶花叶片。组装时考虑作品的整体效果，有序粘上叶片，叶片要起到点缀的作用，注意疏密得当，要有留白，粘接接口过渡自然，作品整齐美观。

图3.118 雕刻两朵茶花　　　图3.119 茶花组合

图3.120 茶花组合作品

[行家指点]

茶花是温文尔雅和优雅的象征，作品中细致的花瓣和迷人的花形展现出一种精致和高尚的气质，花型绚丽。在操作过程中，应注意以下3个方面。

①用刀尖刻画花瓣外形的时候一定要浅，否则会伤到下一片花瓣的料。

②花瓣底部略微厚点，这样在粘接时候方便花瓣受力，雕刻花心时最后要呈紧包状。

③两朵菊花最好有大小、主次之分，并且特别要注意每层花瓣大小的变化。

[创新实验室]

3.7.1　思考与分析

思考如何在茶花雕刻中拼接出多重颜色，使作品看上去色彩更加丰富。同时思考茶花雕刻的雕刻步骤和操作要领。

3.7.2　雕刻拓展训练

根据提示雕刻不同花瓣造型的茶花。

图3.121 茶花（水滴形花瓣）

图3.122 茶花（圆形花瓣）

[项目评分表]

花卉类雕刻质量评价表

得分　　指标　　　任务	规格标准	色彩搭配	造型美观	刀法精湛	用料合理	操作速度	卫生安全	合计
	10	20	20	20	10	10	10	
菊花								
大丽花								
月季花								
牡丹花								
荷花								
茶花								

学习感想：

鱼虾类雕刻

【项目描述】

在传统的瓯越美食宴席上，经常能看到以"鱼、虾、蟹"等菜雕作装饰。因为温州人天天接触海鲜，海鲜更是人们餐桌上的美味佳肴，所以温州人对其产生了特殊的感情，视之为吉祥物。"鱼"与"余"读音相同，人们希望生活优裕，财富有余，因此雕鱼可寓意"年年有余"。古时，人们常在过年的时候吃鱼，在窗户上贴上鱼形的窗花，皆因鱼有吉祥美好的寓意。人们希望自己日后生活富足长安且留有余粮。虾，生于水中，穿梭自由，且能屈能伸，象征着自由自在的生活。这一寓意使虾极为适合职场接待宴席，寓意在事业上能够游刃有余，激励人们在虾所蕴含寓意的感召下奋力拼搏，开创出属于自己的事业。温州人在鱼虾类菜雕上注入了丰富多彩的文化内涵，使其成为传统吉祥文化不可或缺的一部分。

通过本项目对神仙鱼、金鱼、鲤鱼、虾的雕刻学习，学生应熟练掌握鱼虾雕刻的技巧和方法，熟练运用鱼鳞雕刻技法，为今后学习动物类雕刻奠定坚实基础。

【项目目标】

①了解瓯越菜雕中鱼虾的寓意、各种鱼虾类的特点以及雕刻的步骤和操作要领。

②掌握瓯越菜雕技法，熟悉并掌握切、削、旋、刻、戳等基础刀法。

③培育良好的职业素养和精益求精的工匠精神，使学生热爱家乡传统文化并传承习俗。

④学会独立完成鱼虾类雕刻制作任务。

【项目实施】

[主题知识]

图4.1　鱼类白描图

图4.2　虾类白描图

4.1.1　鱼的形态结构特征

鱼是生活在水中的脊椎动物，它们具有独特的形态结构特征，从表面上看，鱼的外形各异，形态互不相同，但作为同一类动物，鱼也必有其共同的特点。下面将从鱼的外形、鳞片、鳍和嘴等方面介绍鱼的形态结构特征。

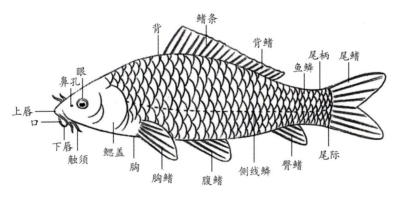

图4.3　鲤鱼结构图

1）外形特征

鱼的外形通常呈流线型，这种形态有助于减小水的阻力，使鱼能在水中更加灵活快速地游动。鱼的身体分为头部、躯干和尾部三部分，整体呈现出流线型的轮廓。鱼的头部相对较小，前端尖锐，有利于减小水的阻力。躯干部分较长，身体侧扁，也有助于减小水的阻力，同时也提供了足够的空间容纳内脏器官。鱼的尾部通常较长，末端呈扇形，是帮助鱼快速游动的重要部位。

（1）纺锤型（梭型）

这种体型的鱼类，头、尾稍尖，身体中段较粗大，其横断面呈椭圆形，侧视呈纺锤状，如草鱼、鲤鱼、鲫鱼等。这种体型的鱼类适于在静水或流水中快速游泳。

（2）侧扁型

鱼体较短，两侧很扁而背腹轴高，侧视略呈菱形。这种体形的鱼类，通常适于在较平静或缓流的水体中活动，如鳊鱼、团头鲂等。

（3）圆筒型（棍棒型）

鱼体较长，其横断面呈圆形，侧视呈棍棒状，如鳗鲡、黄鳝等。这种体型的鱼类多为底栖，善钻洞或穴居。

2）鳞片特征

鱼的身体覆盖着一层鳞片，鳞片是鱼的保护层，能够减小水的阻力，并且具有防御外界捕食者的作用。鳞片通常由角质物质构成，具有坚硬而光滑的表面。鳞片的形态有很多种类，常见的有圆鳞、石鳞和颗粒鳞等。不同种类的鱼的鳞片形态和排列方式各不相同，这也是鱼类分类和鉴别的重要依据之一。

3）鳍特征

鳍是鱼类的运动器官，也是鱼类独有的特征之一，鳍的形态和位置对鱼的游泳方式和功能有着重要影响，按其所着生的位置，可分为背鳍、胸鳍、腹鳍、臀鳍和尾鳍。鱼在水中游动时，各鳍相互配合，保持身体的平衡并起推进、刹制或转弯的作用。背鳍位于鱼的背部，起到平衡和转向的作用；胸鳍位于鱼的侧面，用于平衡和操控姿态；腹鳍位于鱼的腹部，有助于鱼的上下运动；尾鳍位于鱼的尾部，是鱼的主要推进器官。不同种类的鱼的鳍的形态和位置各有差异，因它们的生活环境和游泳方式而异。

4）嘴特征

鱼的嘴是用于摄食和捕食的器官，其形态和结构也各不相同。鱼的嘴部通常较为宽大，这有利于捕捉和咀嚼食物。一些鱼类的嘴部具有特殊的结构，如长而尖锐的嘴部适用于抓取食物，具有锯齿状的嘴部适用于撕咬食物，吸盘状的嘴部适用于吸食底栖生物等。不同种类的鱼根据其食性和生活环境的不同，嘴的形态和结构也有所差异。

4.1.2　虾的形态结构特征

虾的形态结构主要包括头部、躯干和尾部。

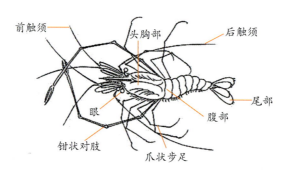

图4.4　虾结构图

1）头部

虾的头部由一对复眼、一对触须和一对大颚等部分组成。复眼是虾的主要视觉器官，能够感知周围的光线和运动；触须主要用于触摸和感受周围的环境；大颚主要用于捕食和咀嚼食物。

2）躯干

虾的躯干包括胸部和腹部。胸部上有五对脚，用于行走和捕食。第一对脚上还有一对巨大的螯，用于抓取和攻击猎物。腹部上有六对腹足，用于游泳。

3）尾部

虾的尾部被称为"尾扇"，是虾的主要运动器官。尾扇被一对外骨骼覆盖，虾通过活动尾扇可以向后游动，迅速逃离危险。

【项目实施】

[主题知识]

图4.5　神仙鱼1　　　　　　　图4.6　神仙鱼2

以热带神仙鱼在海洋中遨游为基础意境，为了更好地传达对知识的追求，在设计中再巧妙融入书本的元素，让整体更加富有寓意。在书海中畅游，每一页都是一次奇妙的探险。从诗歌的韵律到小说的情节，从科学的缜密逻辑到历史的深厚底蕴，书籍都带给我们无数的惊喜。读一本好书，就像与一位智者促膝长谈，让我们收获知识、启迪心灵。在忙碌的生活中，为自己寻觅一方宁静天地，全身心沉浸于书海，让心灵得到滋养。

此作品旨在鼓励同学们在书本知识的海洋中去探索更多新知识。让我们携手畅游于知识的海洋，不断探索、不断成长。读书不仅是一种习惯、一种信仰，更是一种生活态度。让我们一起翻开书页，去发现更广阔的世界吧！

操作要领

①雕刻神仙鱼时，要求两面雕刻一致且互相对称，鱼鳍的细纹要雕刻得精致细腻。

②选用的原料在色泽上要有所差异，突出海洋色彩丰富的特点。

③作品整体的比例要协调，鱼的大小应相似，水草要有大小差异，利用边角料进行垫高处理，使整体具备一定高度，如此一来成品方能精致美观。

[烹饪实训工作室]

神仙鱼雕刻

神仙鱼雕刻

工艺流程

神仙鱼雕刻→水草雕刻→荷花雕刻→荷叶雕刻→书本雕刻→底座雕刻→作品组装。

操作用料

白萝卜一根、青萝卜一根、心里美萝卜两颗、红萝卜三根。

工具设备

片刀、墩头、主刀、U形刀、V形戳刀、拉线刀、502胶水。

制作步骤

步骤1：选用白萝卜一根、青萝卜一根、心里美萝卜两颗、红萝卜三根作为原料。根据作品颜色搭配，合理分配用料，神仙鱼选用红萝卜，水草选用青萝卜皮，荷花、书本选用白萝卜，底座假山选用心里美萝卜。先取一段红萝卜尖，对半切开，按40°角平切，再用胶水粘住，取出雕刻神仙鱼的坯，两面取平整，用水溶性铅笔在萝卜表面画出神仙鱼的雏形进行定位，直接取下边角料，再用U形刀沿着画的神仙鱼身体进行取料，分出鱼鳍和鱼身，用U形刀在鱼鳍处雕刻出深浅不一的波纹，再用V形戳刀拉出鱼鳍的细纹。最后雕刻鱼嘴和鱼鳃，装上仿真眼睛。用同样的方法雕刻三条神仙鱼。在操作中，要注意卫生，做到合理用料。

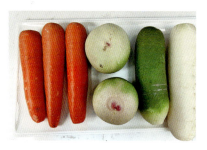

图4.7 选料

图4.8 神仙鱼拼接

图4.9 神仙鱼定位

图4.10 神仙鱼取料

图4.11　鱼身、鱼鳍分开

图4.12　鱼鳍雕刻

图4.13　鱼嘴、鱼鳃雕刻

图4.14　雕刻三条神仙鱼

步骤2：将青萝卜去皮，取出三片颜色最绿的萝卜片，切成长8.5 cm、宽1.5 cm、厚2 mm的长方片，按S形取出水草的外形，做到粗细自然、线条流畅，再用V形戳刀刻出中心叶脉，用U形刀雕刻出水草的波浪起伏感，三条水草长短不一且造型各异，以营造出更好的视觉效果。将心里美萝卜去皮，修成薄片，用水溶性铅笔画出荷叶的波浪纹，在中心用圆球粘一个圆心，最后用拉线刀，拉出荷叶的纹路，一共雕刻五片荷叶。用U形刀雕刻半圆形的片，最后按长短顺序粘在一起形成一丛。操作时，要将底部每一条边对齐，保证每一片叶子厚薄均匀，让作品达到精益求精的境界。

图4.15　水草选料

图4.16　水草S形取料

图4.17　水草叶脉雕刻

图4.18　草丛雕刻

图4.19 荷叶取型

图4.20 荷叶叶脉雕刻

步骤3：用心里美萝卜雕刻莲蓬，用白萝卜雕刻荷花花瓣。将心里美萝卜取成两段圆柱体，修成一头大、一头小，雕刻成莲蓬的坯料，用V形戳刀在边缘一圈戳出花蕊，要求做到粗细均匀。再用U形刀雕刻出莲蓬波浪形的外圈，最后用小号U形刀取出莲子的孔洞，在青萝卜皮上取出同样大小的圆料镶嵌到孔洞里。取三块白萝卜，用水溶性铅笔在表面画出荷花花瓣的外形，用主刀取出。然后用弯刀取出荷花花瓣，花瓣要自然弯曲，最后按照亮片从小到大的规律用胶水有序粘上花瓣，使其衔接紧密，不能有过大缝隙。

图4.21 莲蓬花蕊雕刻

图4.22 莲子镶嵌

图4.23 荷花花瓣取料

图4.24 荷花花瓣定位

图4.25 荷花花瓣雕刻

图4.26 荷花花瓣组合

步骤4：把剩余白萝卜一破为三，用胶水粘成整块，改刀成长15 cm、宽8 cm、厚1.5 cm的长方体当作书本，用刻线刀在红萝卜上拉出细丝，粘在书本上当作书上的绳子。粘接的时候要注意胶水的用量，如果有白色的粘接痕迹，则需要处理干净，以免影响最后成品的效果。

图4.27　书本雕刻　　　　　　　　　图4.28　书本组装

步骤5：用剩余的原料雕刻底座，主要用于控制整个作品的高度。将红萝卜切成正方块，当作稳定整个作品的底，将青萝卜雕刻成涟漪的形状，注意下刀要干净利落。将心里美萝卜切片，用于支撑整本书和抬高整个作品的高度。最后粘接好书本，确定整个作品的底座。三条神仙鱼粘的位置要呈三角形布局，三片水草根部相连，荷花粘贴的角度要呈45°角，两朵朝向的方向要自然，荷叶需起到点缀的作用。在整个作品中，注意疏密得当，要有留白，粘接接口过渡自然，作品整齐美观。

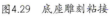

图4.29　底座雕刻粘接　　　　　　　图4.30　成品粘接组合

[行家指点]

此作品设计整齐美观，色彩搭配鲜艳，神仙鱼精神饱满，水草弯曲自然，荷花洁白无瑕、呈紧包状。在操作过程中，应注意以下4个方面。

①作品的高度需控制在60 cm。

②书本长15 cm、宽8 cm、厚1.5 cm。

③三条神仙鱼的雕刻要精致，鱼鳍雕刻线条应流畅，鱼身体表面要光滑，鱼嘴和鱼鳃要有立体感，最后用仿真眼睛提升整条鱼的神态。

④雕刻的荷花花瓣要有弯曲角度，粘接需自然，每朵花大概有18片花瓣，整体成型自然。

[创新实验室]

4.2.1　思考与分析

思考如何在神仙鱼雕刻中选用不同原料，拼接出多重颜色，从而使色彩更加丰富。

4.2.2　雕刻拓展训练

根据提示，雕刻不同造型的神仙鱼。

图4.31　拓展作品1

图4.32　拓展作品2

【项目实施】

 任务 3 虾雕刻

[主题知识]

图4.33 青虾

图4.34 河虾

虾是十足目长臂虾科的动物。其体较短粗，有青绿色及棕色斑纹；头胸部较粗大，前部有三角形的剑额；头部附肢5对，胸部附肢8对，腹部7节，附肢6对，第6对为尾肢，与尾节组成尾鳍；尾节背面有2对短小的活动刺。

虾在中国的传统文化中，是一种富有吉祥寓意的动物。因为虾的形态独特，并且有一定的寿命，所以它常常被用来象征长寿与不老。同时，虾的游弋姿态使其成为一种自由精神的象征，代表着坚强不屈的精神，在中华传统文化中扮演着重要的角色。

虾不仅营养丰富、味道鲜美，而且以菜雕作品这种展现形式出现时，它既是艺术品的表现对象，又是一种具有文化内涵的符号。通过学习雕刻虾的作品，学生可以感受到传统文化的厚重底蕴和中华民族的精神追求。因此，虾雕刻的学习也是瓯越菜雕学习中不可或缺的一部分。

操作要领

①造型完整且形象逼真，虾身弯曲且形态自然。
②刀法娴熟，下刀精确，废料去除到位。
③虾头和虾身的比例一般为1∶2。

[烹饪实训工作室]

虾雕刻

虾雕刻

工艺流程

取长方块→虾头雕刻→虾背雕刻→底座雕刻→作品组装。

操作用料

红萝卜一根、青萝卜一根、白萝卜一根、心里美萝卜一颗。

工具设备

片刀、墩头、主刀、U形刀、V形戳刀、圆形戳刀、502胶水。

制作步骤

步骤1：选用一段红萝卜作为虾雕刻原料。先用片刀切出长15 cm、厚3 cm的长方片。可以用水溶性铅笔在长方体上画出虾的外形，用主刀沿着绘画背部轮廓的线条取出虾的外形，做到两边对称、线条流畅。

图4.35　原料刀具

图4.36　绘图定位

步骤2：在虾头的位置左右各斜一刀定位剑额的位置，利用U形刀，戳出眼睛的位置，并修出虾头的体节。以虾头体节为第一节，之后依次雕刻出虾节和虾尾，虾节要层层相叠、依次缩小、规整自然，虾尾雕刻起伏有力，表现出虾的游弋姿态和坚强不屈的精神。

图4.37　虾头雕刻

图4.38　虾背雕刻

步骤3：在虾的腹部，用主刀雕刻虾的腹足，要求使虾呈现出步态轻盈的效果，并且取料要干净利落。将红萝卜取薄片，雕刻出颚足并粘在虾头部下方，以此凸显虾的灵活姿态。最后雕刻出两只大小不同、造型各异的虾。

图4.39　雕刻两只虾

图4.40　虾须雕刻

步骤4：最后雕刻虾的一对前爪，将其粘在虾头颚足后方。前爪造型由细而粗，数节延伸至两螯，形似钳子，有开有合，线条似柔实刚，雕刻的触须也似动非动。再选用心里美萝卜为原料雕刻珊瑚虫，按从小到大的顺序排列雕刻，最后粘接成一组。

图4.41　虾钳雕刻

图4.42　珊瑚虫雕刻

步骤5：选用白萝卜雕刻珊瑚礁，珊瑚礁布局分散却又有规律，从而达到形乱而神聚的效果，用心里美萝卜制作的珊瑚虫则起到点缀的作用。

图4.43　珊瑚底座雕刻

图4.44　珊瑚虫组合

步骤6：用主刀将青萝卜雕刻成水草，如此一来整个作品因有了绿色的搭配，色彩能更加丰富。最后组装并粘上两只灵动的虾，加以点缀修饰，使整个作品更具神采。

图4.45　底座组合

图4.46　虾组合

[行家指点]

虾雕刻作品栩栩如生，水草弯曲自然，生动形象地展现出虾在水里遨游的姿态。在操作过程中，应注意以下3个方面。

①去除体节间的废料时，进刀的角度需控制在30°左右，且刀纹不要过深。

②雕刻体节时，需注意体节的长度应逐渐缩短，包裹性要严密。

③进行虾尾雕刻时，尾部的片要层层相叠，边缘薄而不破。

[创新实验室]

4.3.1 思考与分析

思考常见虾类的品种有哪些，在雕刻中应如何展现它的特点，又如何让虾身弯曲得更自然。

4.3.2 雕刻拓展训练

根据图片，完成不同造型的虾的雕刻。

图4.47 拓展作品1　　　　　　　　　图4.48 拓展作品2

任务 4 金鱼雕刻

[主题知识]

图4.49 红顶白狮头金鱼　　　　　图4.50 琉金鱼

金鱼是鲤形目鲤科鲫属的硬骨鱼类。金鱼体形变异甚大。头腹俱大，粗短；尾有单尾和双尾之分。头有虎头、狮头、鹅头及绒球等多种，除平头外，多凸起成瘤状。眼突出，按形状有龙眼、朝天眼、水泡眼等，鳃有正常鳃和反鳃；鳞片除常鳞外，尚有透明鳞和珍珠鳞。鳍大，背鳍有或无；臀鳍有单鳍和双鳍；尾鳍多分为三叶或四叶而披散；体色有多种花色。

金鱼作为中国传统文化中的吉祥物之一，其独特的寓意和作用在瓯越大地流传已久。它身姿奇异，色彩绚丽，形态优美，深受人们喜爱。金鱼不仅是观赏鱼，还承载着丰富的文化象征意义，在中国文化中象征着吉祥和富贵。金鱼的"金"同"金钱"的"金"，寓意着财富和繁荣。同时，鱼与"余"同音，象征着年年有余、富足长久，金鱼也因此成为中国文化中不可或缺的一部分。

通过对金鱼的学习，学生可以进一步认识鱼虾类雕刻作品所展现出的灵动感。金鱼的品种繁多，形态各异，不过其雕刻的方法和技巧却大同小异。学生可以理解和掌握菜雕中对于形体把握的规律，进而灵活运用雕刻技巧。

操作要领

①金鱼造型优美，形象逼真，雕刻鳍、尾时要体现其飘逸的感觉。
②鳞片大小过渡自然均匀，位置要前后错开。
③作品整体组合要有层次感，花、叶的搭配要起到画龙点睛的作用。

[烹饪实训工作室]

金鱼雕刻

金鱼雕刻

工艺流程

初坯取料→金鱼雕刻→荷花雕刻→底座雕刻→作品组装。

操作用料

红萝卜两根、白萝卜一根、青萝卜一根、心里美萝卜一颗。

工具设备

片刀、墩头、主刀、U形刀、V形戳刀、圆形戳刀、502胶水。

制作步骤

步骤1：选用一段红萝卜作为雕刻金鱼的原料。用主刀取出金鱼的外形，因为金鱼的尾部较大，需要粘上尾部的原料。利用U形刀先修饰出金鱼各部位的轮廓，注意鱼身和鱼尾的比例，通常是1∶2。在操作中，要注意卫生，做到合理用料。

图4.51　金鱼原料

图4.52　外形雕刻

步骤2：在金鱼初坯的基础上，用主刀修去边缘的余料，让整体形态变得灵巧。先利用U形刀雕刻出金鱼嘴的部位，再巧用V形戳刀雕刻金鱼额头上的颗粒，立体感要强，然后往后延伸到鱼眼睛和鳃盖。

图4.53　金鱼取料

图4.54　额头雕刻

步骤3：用主刀雕刻鱼鳞，使片片紧紧相叠，按照画一刀取一片的规律进行雕刻，且每片的大小、取料的深度要一致。再用V形戳刀雕刻金鱼尾巴和背鳍上的细纹，这里最难的是控制拉丝的间距以及使尾部保持薄而不破的状态。

图4.55　鱼鳞雕刻

图4.56　鱼尾雕刻

步骤4：雕刻两条不同造型的金鱼，生动形象地展示出金鱼的特点。用V形戳刀雕刻鱼鳍，应体现其飘逸的特点，线条要流畅，且鱼鳍应稍长一些。

图4.57　金鱼雕刻

图4.58　鱼鳍雕刻

步骤5：在金鱼作品中，还需要点缀和搭配的元素。在此作品中，我们利用荷花和水草来衬托金鱼在水中活灵活现的状态。荷花雕刻采用零雕整装的方式完成，在颜色、大小、形态上最好有差异。

图4.59　荷花雕刻

图4.60　水草雕刻

　　步骤6：将白萝卜雕刻成扇面，作为底座的背景，起到支撑整个作品的作用，再利用一段青萝卜固定住扇面。将荷花、荷叶以及水草进行组合，最后粘接上两条金鱼。注意疏密得当，要有留白，粘接接口过渡自然，作品整齐美观。

图4.61　底座雕刻

图4.62　荷花组合

图4.63　荷叶组合

图4.64　金鱼组合

[行家指点]

金鱼雕刻色彩搭配鲜艳，金鱼精神饱满，荷花绚丽开放。在操作过程中，应注意以下3个方面。

①鱼身、鱼尾的长度比例要控制在1∶2左右。

②鱼鳞雕刻中要注意鳞片的大小要均匀，平口刀刻一片，取料一刀，紧紧相连、层层相叠。

③各种刀具用法娴熟，废料去除干净。

[创新实验室]

4.4.1　思考与分析

思考在何种场合要使用金鱼雕刻作品。在雕刻中，为了能让鱼身呈现变异效果并让其色彩更加丰富，应思考如何选料以及采用何种拼接方法。

4.4.2　雕刻拓展训练

根据图片提示，雕刻不同造型的金鱼。

图4.65　拓展作品1

图4.66　拓展作品2

任务 5　鲤鱼雕刻

[主题知识]

图4.67　鲤鱼

图4.68　鲤鱼工笔画

　　鲤鱼，是鲤形目鲤科鲤属淡水鱼类。体长形，侧扁；腹部圆，头较小；体背呈灰黑或黄褐色，体侧带金黄色，腹部呈灰白色；背鳍和尾鳍基部微黑，尾鳍下叶红色，偶鳍和臀鳍淡红色，但色彩常因栖息水体不同而有变异。鲤因其鳞有"十"字纹理，故名。

　　鲤鱼在中国文化中具有深远的象征意义，被视为吉祥、繁荣、幸福和团圆的象征。这种象征并非偶然，而是经过漫长历史和文化沉淀所形成的，涵盖了人们对美好生活的向往和期许。中国传统文化认为，龙是最高贵的，而鲤鱼只要跃过龙门就能化身为龙。"鲤鱼跃龙门"是中国人民传诵的经典故事，讲述了鲤鱼逆流而上、勇于尝试跳跃并最终团结合作跃过龙门的奋斗历程。这个故事反映了中华民族勇往直前、不屈不挠、团结协作的精神，被后人用来比喻成功和努力奋斗的意志。这种寓意和象征已经成为了中国文化的一部分，不仅深刻影响着古人的生活观念和审美情趣，也在现代社会得到了传承和发展。

　　在菜雕中，一般将鲤鱼雕刻成跳跃的姿态，主要就是通过控制尾鳍的样子来调整鲤鱼的造型。通过对鲤鱼的雕刻学习，学生可以进一步理解和掌握鱼类雕刻中的操作技巧。

操作要领

①鲤鱼的形态呈跳跃状，鱼身线条流畅。
②鳞片大小均匀过渡，位置前后错开。
③刀具使用娴熟，下刀精确，废料去除干净。

[烹饪实训工作室]

鲤鱼雕刻

鲤鱼雕刻

工艺流程

初坯取料→鲤鱼雕刻→荷花雕刻→底座雕刻→作品组装。

操作用料

红萝卜两根、青萝卜一根、白萝卜一根、心里美萝卜一颗。

工具设备

片刀、墩头、主刀、U形刀、V形戳刀、圆形戳刀、502胶水。

制作步骤

步骤1：选用一段红萝卜作为雕刻鲤鱼的原料。先用片刀切出长片，将其粘在合适位置以形成尾巴，再用水溶性铅笔绘出鲤鱼的外形，这样有助于精准确定鲤鱼轮廓的取料范围。在操作中，要注意卫生，做到合理用料。

图4.69　雕刻原料

图4.70　初坯定位

步骤2：确定鲤鱼轮廓后，用主刀修出鲤鱼的身体，用U形刀雕刻出鲤鱼的嘴和眼睛，再用主刀雕刻鳃盖以及鲤鱼的鳞片。在雕刻鳞片时，要注意前后错开，过渡自然，这样成型效果才能优美自然，让作品达到精益求精的境界。

图4.71　鱼身雕刻

图4.72　鱼鳞雕刻

步骤3：取红萝卜片，画出背鳍、腹鳍的轮廓，用主刀按绘画的轮廓去除余料，用V形戳刀戳出背鳍、腹鳍上的纹路。

图4.73　鱼鳍取坯

图4.74　鱼鳍雕刻

步骤4：将背鳍、腹鳍用胶水粘接到鲤鱼身上，展现出鲤鱼活灵活现的效果。

图4.75　鱼鳍组合

图4.76　荷花雕刻

步骤5：用青萝卜雕刻书本，用片刀以平刀的方式削出一页一页的效果，从而使书本的形象得以更生动地展现。用剩余的原料雕刻底座，采用水浪的表现手法，使其起到支撑书本以及整个作品的作用。

图4.77　底座雕刻

图4.78　荷花组合

步骤6：将鲤鱼定位在整个作品中心，粘上龙门和水浪进行点缀，注意疏密得当，要有留白，粘接接口过渡自然，使作品做到整齐美观。

图4.79　水浪组合

图4.80　鲤鱼组合

[行家指点]

鲤鱼雕刻作品寓意吉祥，鲤鱼精神饱满、呈跳跃状，荷花呈全开放式。在操作过程中，应注意以下3个方面。

①鱼头雕刻应占整个鱼身体的1/3，鱼眼位于鱼头的中上部。

②对鲤鱼尾鳍和背鳍的处理是整个作品的关键所在，尾鳍要突出"内侧翻腾"的效果，背鳍应适当大一些。

③娴熟运用各种刀具，还应将废料去除干净。

[创新实验室]

4.5.1　思考与分析

鲤鱼的结构有哪些特点？鲤鱼和龙鱼的形态特征有什么不同？

4.5.2　雕刻拓展训练

根据图片，完成不同造型的鲤鱼雕刻。

图4.81　拓展作品1

图4.82　拓展作品2

[项目评分表]

鱼虾类雕刻质量评价表

得分指标任务	规格标准	色彩搭配	造型美观	刀法精湛	用料合理	操作速度	卫生安全	合计
	10	20	20	20	10	10	10	
神仙鱼								
虾								
金鱼								
鲤鱼								

学习感想：

項目 **5**

禽鸟类雕刻

【项目描述】

　　鸟类是大自然的精灵。鸟儿栖息的地方，往往是生态优良、气候适宜、资源富集的宝地，温州便是名副其实的"鸟类天堂"。每年在这里能记录到的迁徙及越冬水鸟有100多种、10万多只，其中不乏国家重点保护的珍稀鸟类，这些大自然的精灵深受温州人民的喜爱。

　　鸟类身体外表披覆着羽毛，其羽毛的颜色是鸟类适应环境、减少受害的保护色。生活在荒漠地带的鸟类，羽毛大多色泽黯淡，与沙地颜色相近；而生活在南方林间的鸟类，羽毛五颜六色，非常艳丽。这是因为南方气候潮湿高温，林中的花草也色彩缤纷。鸟类凭借彩色羽毛使自己身处林中而易于隐蔽自身，防范敌害。

　　禽鸟类雕刻是衔接花卉类雕刻、鱼虾类雕刻的重要内容，相较于前两类，禽鸟类的结构更为复杂，造型变化更为多样，操作步骤更为繁琐，雕刻的难度也更大。但是雕刻的刀法和手法有相通之处，所以在掌握花卉类雕刻的基础上，学习禽鸟类雕刻时只需在造型方面加以改变即可顺利上手。禽鸟类雕刻作品除了刻画实际存在的鸟类，还涵盖凤凰等并非真实存在但寓意吉祥的鸟类。这类作品在雕刻过程中需要重点展现其灵巧与动感，鸟类的栩栩如生是优秀作品的必备要素，如对鸟类喙、翅、爪的刻画，以及鸟类动态中各部分的配合情况与和谐程度。

　　通过禽鸟类雕刻练习，学生不仅要掌握一定的雕刻知识和技能，更要通过实践和练习不断提升自己的能力。学生在提高瓯越雕刻技能的同时，还能领略家乡独特的美食艺术，以及它所蕴含的无限创意和艺术感受，为以后走上工作岗位奠定基础。

【项目目标】

①掌握禽鸟类的形态结构、各种禽鸟类雕刻的步骤以及操作的要领。

②熟悉并掌握禽鸟类雕刻的刀法和技巧。

③培育良好的职业素养和精益求精的工匠精神，使学生热爱家乡传统文化并传承习俗。

④学会独立完成禽鸟类雕刻作品。

【项目实施】

 **禽鸟类雕刻的基础知识**

[主题知识]

图5.1 禽鸟类结构图

禽鸟种类繁多，造型千奇百怪，不同的造型蕴含着不同的艺术美感，这便是在瓯越菜雕中常以禽鸟为雕刻主题的原因。艺术源于生活，又高于生活，是对生活的提炼、加工和再创造。学习禽鸟类雕刻，从审美观察、理解禽鸟骨骼结构，到捕捉禽鸟的形态、掌握方法与要领，这些都是必须具备的造型意识。对这些意识的培养，可以由浅入深，或从局部到整体，再从整体到局部。无论是小巧的麻雀雕刻作品，还是繁复的大型创作素材，都将启发我们开发对大自然生动活泼的审美意象，让现代瓯越菜雕更贴近生活，更深入地表现艺术家对时代气息的把握，以及对餐饮文化的发掘。

初学者在学习禽鸟类雕刻时要循序渐进，遵循先简单再复杂的规律，从禽鸟的各个部件、小型禽鸟类雕刻起步，这样才能逐渐提高雕刻水平。

禽鸟类属于卵生脊椎动物，体型呈流线型，也称纺锤型或梭型，其体表披覆羽毛，翅膀由前肢演化而来，有喙无齿。由于鸟类与飞翔密切相关，因此它们的胸肌非常发达。发达的胸肌能够产生强大的动力，牵引翅膀扇动，进而导致其背部肌肉退化。雕刻时，通常将禽鸟类外形划分为七部分：头、颈、嘴、躯干、翅膀、尾、脚爪。

5.1.1 头、颈、嘴的结构与雕刻

头部雕刻是禽鸟类雕刻的重点。禽鸟的头部大体呈蛋形，不同种类的鸟头部区别较大，有的长有独具特色的羽毛，有的长有羽冠，还有的没有冠羽。鸟的喙由角质构成，分上下两部分，其形状也各不相同，嘴型和它们所吃食物的种类有关。喜食谷粟类的嘴，短厚有力，利于剥壳；专食昆虫的嘴，外形扁阔；较长而尖的嘴，则适宜吃果实和昆虫；善于捕食鱼类的水禽，其嘴细长；钩型鸟嘴多为猛禽所拥有，这种鸟嘴强而有力，能啄食小动物。鼻孔位于嘴上方，一般有毛三对或五对，猛禽的鼻毛长而劲挺。雕刻时要仔细观察不同鸟的头部特征，在瓯越菜雕中，禽鸟头部主要分为无冠禽鸟、有冠禽鸟和长颈禽鸟三种。

图5.2 禽鸟类头部结构

5.1.2 躯干的结构与雕刻

禽鸟的躯干呈流线型，也称纺锤型或梭型，前面连着颈，后面连着尾，是禽鸟身上最大的一部分。上体部分可以分为肩、背、腰；下体部分可以分为胸、腹；躯干两侧叫做肋。

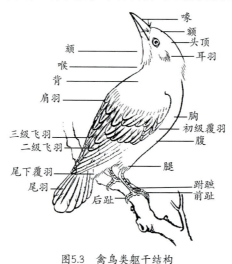

图5.3 禽鸟类躯干结构

5.1.3 翅膀的结构与雕刻

禽鸟的翅膀由一对前肢进化而来，位于躯干上方肩部两侧，两翅之间由肩羽连接并覆盖。禽鸟的翅膀有圆、尖、长等不同形状。例如，善飞的鸟类，其翼长而尖；进行短距离飞

行或可飞可跑的禽鸟，其翼短而圆；善飞的鸟类，升降迅速，两翼轻巧；不善飞的鸟类，双翼在飞行时举得很高、拍击有力，着陆点近在咫尺。

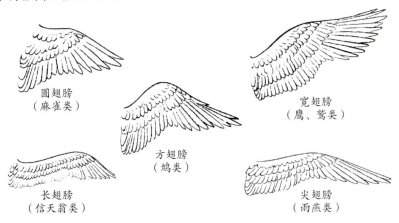

图5.4　禽鸟类翅膀造型

禽鸟类翅膀的羽毛可分为飞羽、覆羽、小翼羽三种。飞羽为翅膀的主要部分，可分为初级飞羽、次级飞羽和三级飞羽三类。沿翼缘在外侧排成一列、附于干翼骨的为初级飞羽；中间稍短、附于尺骨的为次级飞羽；在内侧形成内缘的为三级飞羽。覆羽生于飞羽的上面，羽毛短而柔软，也分为小覆羽、中覆羽、大覆羽和初列覆羽四种。在初级飞羽上面的为大覆羽，大覆羽上面的为中覆羽，另外还有小翼羽、肩羽和腋羽等细小羽毛。

在瓯越菜雕中，根据翅膀的张开程度，翅膀雕刻一般分为收翅、亮翅和展翅三类。在收翅时，翅膀与躯干紧贴在一起，禽鸟一般呈站立或者休息的姿态；在亮翅时，翅膀展开，但是翅膀的飞羽没有完全打开，禽鸟一般呈起飞或者嬉戏的姿态；在展示时，翅膀完全打开，禽鸟呈飞翔的姿态。

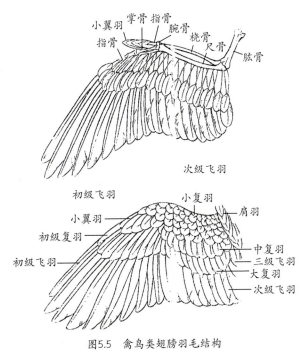

图5.5　禽鸟类翅膀羽毛结构

5.1.4 尾的结构与雕刻

禽鸟的尾羽具有转向的作用，鸟尾由尾上覆羽和尾羽构成。尾羽一般为八到十几支，尾部有平尾、凸尾、凹尾、圆尾、楔尾等形状。有的鸟尾羽特别丰满，如孔雀、锦鸡等。尾羽通常藏在尾上覆羽的下面。

图5.6 禽鸟类尾巴造型

5.1.5 脚爪的结构与雕刻

禽鸟的腿生长在腹部下面，大部分不外露，部分鸟外露的脚其实是跗跖。跗跖和爪的表面有鳞片状的角质硬皮，其排列因鸟的种类不同而不同。禽鸟的脚爪一般有四个趾，大部分鸟的爪是前三后一，但攀禽鸟的爪则是前后各两趾。鸟爪的颜色也因其种类而不同，一般鸟爪的颜色和喙的颜色相同或相似。

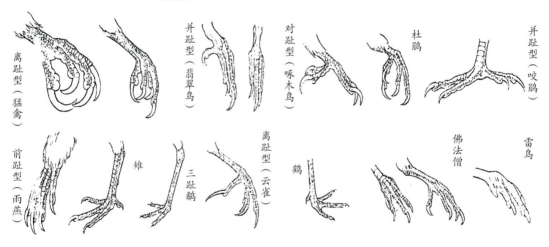

图5.7 禽鸟类脚爪造型

[烹饪实训工作室]

头、颈雕刻

工艺流程

绘图定位→大型取坯→精细雕刻→作品成型。

操作用料

红萝卜一根、青萝卜一根。

无冠禽鸟
雕刻

工具设备

片刀、刻线刀、墩头、主刀、U形刀、V形戳刀。

无冠禽鸟雕刻

制作步骤

步骤1：选用一段红萝卜作为雕刻鸟头的原料。取一段长10 cm的红萝卜段，以鸟嘴雕刻部位为中心，左右两刀切成斧棱形片，取出雕刻头部的初坯。用水溶性铅笔在平面上画出鸟头的雏形，以便在雕刻的时候能做到心里有数、下刀精准。

图5.8　取斧头片

图5.9　勾勒雏形

步骤2：从无冠鸟的额头开始下刀，根据绘画中上喙的上扬角度进行取料。在上喙左右两侧以斜刀取出三角形横截面的嘴，如此雕刻方能使鸟嘴的形象逼真，最后成型效果优美自然，让作品达到精益求精的境界。

图5.10　额头雕刻

图5.11　三角喙定型

步骤3：根据绘画的图案取出下喙的废料，使上下嘴分开。在上下喙的衔接处修饰嘴角，这样能使整体的立体感更强，喙部雕刻更为精致。

图5.12　嘴巴雕刻

图5.13　嘴角雕刻

步骤4：在鸟嘴的后侧雕刻眼睛和脸颊。用主刀雕刻眼睛时，要注意取料的角度和深度，眼珠要圆，如此才能刻画出眼睛的神韵。用U形刀雕刻脸颊，凸显脸部的自然形态。

图5.14　脸颊雕刻

图5.15　眼睛雕刻

步骤5：最后用刻线刀拉出无冠鸟头顶、脸颊、喉部、腹部等部位的绒毛，最后精修眼睛、舌头等部位，使头部雕刻更为美观。根据鸟类的特点进行适当的调整后，就可以应用于麻雀、喜鹊、八哥、鸽子等鸟类雕刻上。

图5.16　无冠禽鸟雕刻

有冠禽鸟雕刻

制作步骤

步骤1：选取一段长15 cm的红萝卜段，在原料上修出形状，使其顶端成为菱形的斧棱块，将菱形短的一头确定为鸟嘴方向，长的一头确定为冠羽方向，把原料表面处理干净。在操作过程中，要注意卫生，做到合理用料。

有冠禽鸟雕刻

图5.17　取斧头片

图5.18　头部菱形料

步骤2：在平面上用水溶性铅笔画出鸟头的图案，方便在雕刻中定位，提高雕刻下刀的准确性，避免雕刻出错。冠羽处往额头方向下刀，于反方向鸟喙处收刀取料，做到取料干净，下刀流畅。

图5.19　头部定型

图5.20　冠羽、喙雕刻

步骤3：用主刀雕刻鸟喙两侧的棱角，同时分出上下两个部分，冠羽的羽毛要和额头分开，羽毛要雕刻出轻薄的感觉，体现出飘逸感，脖子到背部下刀线条应流畅，整体比例协调。

图5.21　嘴巴雕刻

图5.22　颈、背雕刻

步骤4：用V形戳刀雕刻出眼睛线条，用U形刀雕刻脸颊，利用刻线刀刻出颈部的细羽毛脖，留出雕刻翅膀的位置，方便下一步雕刻。

图5.23　躯干雕刻

图5.24　眼睛雕刻

步骤5：用刻线刀雕刻细节，对冠羽的羽毛、颈部的羽毛、翅膀的大小都要进行修饰，使整个作品更加美观。

图5.25 有冠禽鸟雕刻

长颈禽鸟
雕刻

长颈禽鸟雕刻

制作步骤

步骤1：取一块长15 cm的红萝卜，用主刀修成斧棱形片，利用水溶性铅笔在表面画出头、颈的外形。

图5.26 取斧头片

图5.27 头、颈定位

步骤2：用主刀修出上、下喙的棱角，使其呈尖锐三角形，用主刀沿着画好的形状雕刻出脖子，雕刻脖子时应粗细得当，注意整体比例。

图5.28 喙部雕刻

图5.29 长颈取料

步骤3：用V形戳刀戳出嘴线，用主刀把脖子的方料从四个面进行修正，最后修成圆润的外形，同时在头上保留些许冠羽，如此便能使整个作品更具灵动性。

图5.30　嘴巴雕刻

图5.31　冠羽雕刻

步骤4：用V形戳刀雕刻出眼睛线条，用U形刀雕刻脸颊，利用刻线刀刻出颈部的细羽毛脖，留出雕刻翅膀的位置，方便下一步雕刻。

图5.32　颈部雕刻

图5.33　眼睛雕刻

步骤5：用刻线刀雕刻细节绒毛，根据颈部弯曲的弧度，刻出腹部和背部的绒毛，以及留出雕刻翅膀的位置。

图5.34　长颈禽鸟雕刻

[行家指点]

掌握禽鸟头、颈的形态结构是雕刻出活灵活现形象的关键，学会绘画对雕刻有事半功倍的效果。在操作过程中，应注意以下4个方面。

①各部分大小、长短比例得当。

②鸟喙横截面呈三角形，眼睛位于鸟喙的后边、嘴角的斜上方。

③雕刻喙和眼睛时位置要准确、到位，需一气呵成。

④雕刻脸部要体现凹凸点，绒毛要雕刻得凸出且分明。

翅膀雕刻

工艺流程

绘图定位→大型取坯→精细雕刻→作品成型。

操作用料

南瓜一个。

工具设备

片刀、墩头、主刀、U形刀、V形戳刀。

收翅雕刻

收翅雕刻

制作步骤

步骤1：选用南瓜作为原料，画出不同羽毛的位置分布，再用主刀取出收翅的形状外轮廓，做到翅膀线条流畅。在操作过程中，要注意卫生，做到合理用料。

图5.35 翅膀定位

图5.36 翅膀取料

步骤2：用主刀以直刀法雕刻半圆形弧度，采用平刀法取料雕刻出小覆羽，每片羽毛大小均匀，深浅一致，按照画好的翅膀形态雕刻中覆羽，层层相叠，每片羽毛紧密衔接。

图5.37 小覆羽雕刻

图5.38 中覆羽雕刻

步骤3：去掉中覆羽下面的废料，将翅膀修平整，采用同样的方法雕刻出中飞羽和大飞羽，最后用V形戳刀雕刻出每片羽毛的羽干和羽丝，使整体看上去更精细。

图5.39　中飞羽取料

图5.40　大飞羽雕刻

亮翅雕刻

亮翅雕刻

制作步骤

步骤1：选用南瓜作为原料，画出亮翅时不同羽毛的位置分布，再用主刀取出收翅的形状外轮廓，做到翅膀线条流畅。用主刀雕刻出小覆羽，要求每片羽毛大小一致。在操作过程中，要注意卫生，做到合理用料。

图5.41　翅膀取料

图5.42　小覆羽雕刻

步骤2：在雕刻小覆羽后修平原料，按照画好的翅膀形态雕刻中覆羽，每雕刻一片羽毛，修整一片料，层层相叠，每片羽毛紧密衔接。

图5.43　小覆羽取料

图5.44　中覆羽雕刻

步骤3：去掉中覆羽下边的废料，将翅膀修平整，用同样的方法雕刻出大飞羽，最后用V形戳刀雕刻出每片羽毛的羽干和羽丝，使整体看上去更精细。

图5.45 大飞羽雕刻

图5.46 细羽毛雕刻

展翅雕刻

展翅雕刻

制作步骤

步骤1：取一块南瓜作为原料，用水溶性铅笔画出展翅造型的图案，主刀按照绘画的外形轮廓进行取料，做到整体线条流畅。用主刀雕刻出小覆羽，每片羽毛大小应一致。在操作过程中，要注意卫生，做到合理用料。

图5.47 翅膀取料

图5.48 小覆羽雕刻

步骤2：在雕刻小覆羽后修平原料，按照画好的翅膀形态雕刻中覆羽，每雕刻一片羽毛，修一片料，层层相叠，每片羽毛紧密衔接。

图5.49 中覆羽雕刻

图5.50 大飞羽雕刻

步骤3：用主刀修去覆羽下边的废料，用同样的方法雕刻出大飞羽，最后用V形戳刀雕刻出每片羽毛的羽干和羽丝，使整体看上去更精细。

图5.51 细羽毛雕刻

`

[行家指点]

熟悉翅膀各个部位羽毛的形状和位置排列，覆羽要小一些，飞羽要大一些、长一些。在操作过程中，应注意以下4个方面。

①三种翅膀的形态特点要突出，且区别明显，以便能在雕刻中灵活运用。

②翅膀各部位的羽毛排列位置应准确，覆羽排列需交错排布，飞羽排列应互相重叠。

③翅膀根部略厚，羽毛厚薄适中，边缘无缺口且无毛边。

④熟练运用刀具、刀法，废料应去除干净。

尾巴雕刻

工艺流程

绘图定位→大型取坯→精细雕刻→作品成型。

操作用料

南瓜一个。

工具设备

片刀、墩头、主刀、拉刀、U形刀、V形戳刀。

圆尾雕刻

圆尾雕刻

制作步骤

步骤：取一块南瓜，修平整，在原料上雕刻出小尾巴的羽毛，确定主尾羽的位置和走向。用V形戳刀雕刻出羽干，再用主刀或者U形刀雕刻出尾羽的外形，去掉边缘废料，使主尾羽凸显出来，往两侧按照由长至短的顺序依次雕刻出副尾羽，使其形状呈扇形展开。在操作过程中，要注意卫生，做到合理用料。

图5.52　小尾羽雕刻

图5.53　主尾羽雕刻

凹尾雕刻

凹尾雕刻

制作步骤

步骤：取一段南瓜，用拉刀雕刻小尾羽毛，使绒毛呈现出细长的形态。然后于两侧对称地雕刻出两片主尾羽，修去边缘废料，再由外而内依次雕刻副尾羽，长度逐渐缩短，最终使两根主尾羽呈现出最长的效果。

图5.54　主尾羽雕刻

图5.55　细尾羽雕刻

燕尾雕刻

燕尾雕刻

制作步骤

步骤：取一块南瓜作为原料，用拉刀雕刻出小尾羽的绒毛，确定主尾羽的位置和走向，用V形戳刀雕刻出羽干，再用主刀或者U形刀雕刻出尾羽的外形，去掉边缘废料，使主尾羽凸显出来，往两侧按照由短至长的顺序依次雕刻出副尾羽，最后雕刻两片最长的尾羽，并去掉底下多余的废料。

图5.56　燕尾雕刻

图5.57　燕尾取料

凤尾雕刻

凤尾雕刻

制作步骤

步骤：取青萝卜一根，先用双头刻线刀雕刻一条S型的羽干，要求做到线条流畅。再用V形戳刀沿着羽干戳出细羽毛，应遵循先细后粗的原则，按照一长两短的规律来进行凤尾的雕刻。最后用主刀以两边夹刀的方式取出尾羽，让作品达到精益求精的境界。

图5.58 尾羽中心定位

图5.59 尾羽雕刻

图5.60 凤尾取料

[行家指点]

应熟悉禽鸟类尾部的特征，了解尾巴羽毛位置的排列，雕刻中尾羽时，要做到中间略厚、边缘略薄。在操作过程中，应注意以下3个方面。

①尾部羽毛应呈对称分布，其中主尾羽通常为一根或者两根，且左右羽毛相对对称。

②禽鸟类尾部羽毛的大小、长短和禽鸟的种类相关联，一般禽鸟的尾长与体长大致相当，不过也存在长尾禽鸟类，其尾可达身体的两三倍，甚至更长。

③在雕刻中，要熟练掌握刀法，做到取料干净。

脚爪雕刻

收缩腿爪雕刻　　站立脚爪雕刻

工艺流程

绘图定位→大型取坯→精细雕刻→作品成型。

操作用料

红萝卜一根。

工具设备

片刀、墩头、主刀、U形刀。

制作步骤

步骤1：选用红萝卜作为脚爪雕刻的原料。先用片刀切出长10 cm的长方片，可以用水溶性铅笔在长方片上画出脚爪的外形轮廓，用主刀沿着画好的脚爪图案边缘取料，后爪转角处用U形刀雕刻，避免在取料中出现断裂的情况。

图5.61　脚爪定位

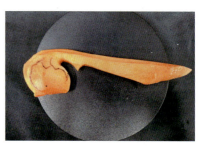
图5.62　脚爪背部取料

步骤2：脚爪呈前三后一的分布形态，使用主刀把脚爪前面均匀地划分成三等份，注意中间部分需比两侧略微突出一些，再修整出每一个趾关节，使趾尖的指甲呈尖锐状，刻画出脚爪的力度感。

图5.63　脚爪三趾取料

图5.64　脚爪雕刻

步骤3：去掉边缘的棱角，将其修圆，雕刻出指尖和爪心，最后在腿以及每个脚趾部位雕刻上鳞片。

图5.65　脚爪掌心雕刻

图5.66　脚爪鳞片雕刻

步骤4：站立的脚爪造型也选用红萝卜作为雕刻原料，用水溶性铅笔画出外形轮廓，用主刀分出每个脚趾的位置，做到每块料大小均匀。

图5.67 站立脚爪定位

图5.68 三片脚趾取料

步骤5：确定每个脚趾的位置后，修整出每个脚趾的关节和趾尖。

图5.69 脚爪脚趾雕刻

图5.70 脚爪掌心雕刻

步骤6：去掉边缘的棱角，将其修圆，最后在腿以及每个脚趾部位雕刻上鳞片，让作品达到精益求精的境界。

图5.71 脚爪鳞片雕刻

图5.72 站立脚爪雕刻成品

[行家指点]

应熟悉禽鸟腿爪各个部位的结构和形状，灵活掌握脚趾的大小、长短以及弯曲度。要多进行临摹绘图以及雕刻练习。在操作过程中，应注意以下3个方面。

①腿爪外形应精准，区别不同造型、不同鸟类的腿爪特征。

②注意各个脚趾关节的比例，一般而言，中间的脚趾最大、最长，后脚趾最小、最短。

③雕刻小腿和脚趾上的鳞片时，刀法需熟练、流畅，且废料要去除干净。

[创新实验室]

5.1.6 思考与分析

禽鸟造型各异，雕刻方法也随之不同，身体结构同样也存在差异。要能够精准把握禽鸟在不同造型下各部位大小比例的协调性。思考如何利用整雕的形式进行禽鸟类各部位的组合雕刻。

5.1.7　雕刻拓展训练

根据禽鸟的造型结构，把禽鸟的各个部位逐一进行雕刻，之后再加以组合。

图5.73　拓展作品1　　　　　　　　　　图5.74　拓展作品2

　任务 **2**　麻雀雕刻

[主题知识]

图5.75　麻雀1　　　　　　　　　　图5.76　麻雀2

麻雀是一类小型鸣禽，它们的大小、体色很相近。其上体一般呈棕、黑色的杂斑状，故称麻雀。初级飞羽九枚，外侧飞羽的淡色羽缘，在羽基和近端处，形稍扩大，互相骈缀，略成两道横斑状，在飞翔时尤为明显。嘴短粗而强壮，呈圆锥状，嘴峰稍曲。闭嘴时上下嘴间没有缝隙。雌雄鸟羽毛的颜色常有区别。

从青铜时代起，雀一直被视为爵位的象征。由于"雀"与"爵"读音相近，在古代发音中"雀"与"爵"音相同，故而用麻雀寓意爵位，象征着加官晋爵、官运亨通。例如，人们将麻雀与竹子画在一起便代表"节节高升、加官晋爵"；将麻雀与石榴画在一起便意味着"多子多福、官居高爵"；将麻雀与梅花鹿画在一起便寓意"爵禄双全"。麻雀体现了一种顽强的精神，有不被轻易打倒之意。中国有句俗语"麻雀虽小，五脏俱全"，其意为：事物虽然很小，但该具备的要素都具备。

在瓯越菜雕中，麻雀雕刻是禽鸟类雕刻的基础，是从简单的鱼虾类雕刻向禽鸟类雕刻的过渡。通过学习，学生可以掌握无冠禽鸟的特征，精准地雕刻出麻雀的特点，如此雕刻，作品才能更加自然、美观。

操作要领

①掌握无冠禽鸟类的造型特点，身体比例要协调。

②熟练运用刀工、刀法，使躯干雕刻的线条流畅自然。

③在翅膀雕刻的过程中，要做到羽毛层次清晰、张弛有度。

[烹饪实训工作室]

麻雀雕刻

麻雀雕刻

工艺流程

头部取料→躯干雕刻→翅膀雕刻→花卉雕刻→底座雕刻→作品组装。

操作用料

红萝卜两根、青萝卜一根、白萝卜一根、心里美萝卜一根。

工具设备

片刀、墩头、主刀、U形刀、V形戳刀、圆形戳刀、502胶水。

制作步骤

步骤1：选用红萝卜作为雕刻麻雀的原料，用主片左右下两刀切出麻雀头部，注意要做到前窄后宽，也可以用水溶性铅笔先绘制出无冠鸟类头部雕刻的外形，若技艺娴熟，也可以直接下刀从雕刻嘴巴开始，在鸟类雕刻中要确保两边对称。

图5.77 雕刻原料

图5.78 麻雀头部雕刻

步骤2：为了不伤到原料，可以用U形刀来定大型。戳出翅膀、尾巴、腿等部位，再用主刀进行修饰，各部位的大小比例应协调。如果原料太小，还可以对尾部进行粘接处理，让作品达到精益求精的境界。

图5.79 麻雀翅膀定型

图5.80 麻雀尾部粘接

步骤3：根据麻雀身体的比例结构，用主刀将多余的废料取干净，使躯干身体变得圆滑，以突出麻雀的特点。为了使整个作品更加生动，用同样的操作步骤和方法雕刻两只不同造型的麻雀。

图5.81　麻雀躯干雕刻　　　　　　　　图5.82　不同造型躯干雕刻

步骤4：用主刀雕刻眼睛，使眼珠圆而有神韵；用U形刀和主刀雕刻翅膀，使羽毛层层叠叠、排列有序；用V形戳刀和主刀雕刻绒毛；在雕刻尾巴时，要突出中心主尾羽，并在细节处做到精益求精。

图5.83　麻雀翅膀雕刻1　　　　　　　　图5.84　麻雀翅膀雕刻2

步骤5：利用心里美萝卜雕刻两朵大小不同的月季花用于装饰，用青萝卜雕刻月季花的树枝和叶片，树枝线条需呈现折线美，叶片要轻薄。用雕刻树枝和树叶所剩下的原料作为底座，要做到对原材料的物尽其用。有序粘上树枝和叶片，注意疏密得当，要有留白，粘接接口过渡自然，作品整齐美观。最后粘接上两只麻雀，麻雀的位置一高一低，且两只麻雀的眼神需相互呼应。

图5.85　底座雕刻　　　　　　图5.86　底座装饰雕刻　　　　　　图5.87　麻雀雕刻组合

[行家指点]

麻雀雕刻作品小巧精致，活灵活现，很好地体现出花鸟类作品的寓意美，在菜肴装饰中运用广泛。在操作过程中，应注意以下3个方面。

①雕刻麻雀嘴巴时，要注意每一刀取料的角度，避免出现扁平无立体感的喙。

②翅膀应该紧紧贴着躯干斜接颈部，不能脱节，且不能太靠后。

③腿爪雕刻要做到细致，以体现爪子的力度。

[创新实验室]

5.2.1　思考与分析

在无冠鸟类中，杜鹃、八哥等的造型有什么不同？雕刻飞行姿态的麻雀要注意哪些要点？思考如何利用整雕的形式进行麻雀雕刻。

5.2.2　雕刻拓展训练

根据图片，雕刻不同造型的无冠鸟类。

图5.88　拓展作品1

图5.89　拓展作品2

[主题知识]

图5.90 天鹅1

图5.91 天鹅2

天鹅是大型水禽。天鹅全身洁白，颈修长，其长度超过体长或与身躯等长；嘴基部高而前端缓平，嘴甲位于嘴端正中间，而不占嘴端全部；成体眼睑裸露；鼻孔椭圆，位置靠近嘴基；第一枚初级飞羽的长度约为第二枚的一半，和第三枚几乎等长，且是飞羽中最长的；尾短而圆，尾羽约有几十枚；蹼强有力，但后趾不具瓣蹼，位于体后部，跗跖前缘覆盖着网鳞；趾强有力，后趾具蹼膜。两性同色，或雌体稍淡（如黑天鹅），幼鸟大都呈褐色。

天鹅的羽毛洁白如雪，姿态优美，给人一种高贵、纯洁的感觉。在中国文化中，白色通常象征着纯洁和神圣，因此天鹅的形象也寓意着纯洁和神圣。天鹅的寓意十分丰富，在不同的文化和时代中，都有不同的象征意义。无论是高贵、纯洁、忠贞、和平还是自由、独立，天鹅都是一种美好的象征，被人们广泛地运用在文学、艺术和日常生活中。

通过对天鹅雕刻的学习，学生能掌握长颈禽鸟脖子弯曲的特征以及羽毛蓬松的状态，可以使天鹅雕刻更加自然、美观。

操作要领

①掌握天鹅的造型特点，头颈与体长的比例应为1:1，身体比例要协调。
②颈部到胸部呈S状，弧度自然。
③在翅膀雕刻中，羽毛要层次清晰、张弛有度。

[烹饪实训工作室]

天鹅雕刻

天鹅雕刻

工艺流程

切片取料→头部、躯干雕刻→翅膀雕刻→底座雕刻→作品组装。

操作用料

红萝卜一根、心里美萝卜一颗、白萝卜一根。

工具设备

片刀、墩头、主刀、U形刀、V形戳刀、圆形戳刀、502胶水。

制作步骤

步骤1：天鹅大多为白色，故而选用白萝卜作为雕刻天鹅的原料。先用片刀切出长15 cm、宽5 cm、高4 cm的长方片，可以用水溶性铅笔在长方片上画出天鹅头部的造型，做到两边对称、线条流畅。在操作过程中，要注意卫生，做到合理用料。

图5.92　雕刻原料

图5.93　天鹅头部雕刻

步骤2：为了让天鹅的嘴部更加突出，用红萝卜进行拼接，雕刻天鹅的头部，用主刀修出整体大型，这时要抓住天鹅额头圆而大的特点，再用502胶水粘接一块原料来雕刻天鹅的身子。脖子和身体的长度比例为1:1，然后用主刀在初坯的两边四面修出躯干。

图5.94　天鹅躯干拼接

图5.95　天鹅躯干雕刻

步骤3：雕刻一对呈展翅造型的天鹅翅膀，取萝卜皮作为原料雕刻翅膀，利用U形刀以鱼鳞状戳出小羽毛，用主刀修去羽毛的废料；再用U形刀戳出覆羽，覆羽需有起伏的弧度，且羽毛的前端微微翘起，在大覆羽雕刻中，要突出最外面几片羽毛的长度，最后粘接在天鹅躯干两侧，从而使成型效果优美自然，让作品达到精益求精的境界。

图5.96　天鹅翅膀雕刻

图5.97　天鹅翅膀组合

步骤4：为了使整个作品更具灵动性，通常会雕刻两只造型各异的天鹅，一公一母，一只展翅、一只收翅。用同样的雕刻方法雕刻一只呈收翅造型的天鹅，其翅膀羽毛分布匀称，层层相叠，刀纹清晰。用心里美萝卜取薄片雕刻荷叶，荷叶边缘呈波浪状，叶脉清晰。

图5.98　收翅天鹅雕刻

图5.99　装饰荷叶雕刻

步骤5：用U形刀在青萝表皮上拉出水草的叶片，长短不一，数量为15根，粘接成一丛。用剩下的原料雕刻底座，呈现出水塘的效果，最后将两只天鹅组装在一起，用荷叶和水草进行点缀。

图5.100　点缀水草雕刻

图5.101　天鹅组合雕刻

[行家指点]

天鹅雕刻作品给人以高雅清爽的感觉，其寓意也非常美好，在宴席点缀中经常能看到天鹅主题的作品，在雕刻时要学会在造型设计方面创新。在操作过程中，应注意以下3个方面。

①颈部弯曲自然、美观，身体比例协调。

②雕刻头部时，要注意腮部肌肉和嘴的形状，以体现天鹅鲜明的头部特点。

③翅膀羽毛的层次应分明，刀法要熟练，成品需无刀痕。

[创新实验室]

5.3.1　思考与分析

分析天鹅与鸳鸯在造型上的不同特点以及在雕刻中要注意的操作要求。思考可以利用鸳鸯表达哪些寓意。

5.3.2　雕刻拓展训练

根据图片，雕刻不同的鸳鸯作品。

图5.102 拓展作品1

图5.103 拓展作品2

任务 4 仙鹤雕刻

[主题知识]

图5.104 仙鹤1

图5.105 仙鹤2

仙鹤所蕴含的象征意义深受人们的喜爱和追捧。仙鹤代表着高尚、祥瑞、智慧、灵性、长寿与健康。在中国传统文化中，仙鹤被赋予了许多美好的寓意，象征着人们对幸福和美好生活的追求。

仙鹤在艺术作品中也扮演着重要的角色。无论是绘画、雕塑还是文学创作，仙鹤常被作为主题呈现。仙鹤的飞行姿态优雅而灵动，故其被视为智慧和灵性的象征。在一些文化中，仙鹤还被当作天际的使者，代表超越尘世的智慧和精神。在宴席祝寿场景中，仙鹤是传统的祝福元素，被视为一种象征长寿的吉祥物，在宴席主桌的装饰方面，人们常常会雕刻仙鹤图案，以象征长寿和健康。此外，仙鹤也常被用来比喻君子或品德高尚之人，代表着品德高洁、高雅、尊贵等。我们可以从仙鹤的美好寓意中汲取智慧，传承中华民族的优秀传统文化。

通过对仙鹤雕刻的学习，学生能掌握长颈禽鸟的特征，在颈部雕刻中灵活运用U形刀，使仙鹤颈部的弯曲更加自然、美观，从而灵活掌握仙鹤雕刻的操作技巧。

操作要领

①掌握长颈、长嘴禽鸟类的造型特点，身体比例要协调。

②熟练运用U形刀，颈部雕刻线条要流畅。

③在翅膀雕刻中，羽毛要层次清晰、张弛有度。

[烹饪实训工作室]

仙鹤雕刻

仙鹤雕刻

工艺流程

切片取料→拼接雕刻仙鹤头部→翅膀雕刻→荷花雕刻→底座雕刻→作品组装。

操作用料

红萝卜三根、青萝卜一根、心里美萝卜两颗、白萝卜一根。

工具设备

片刀、墩头、主刀、U形刀、V形戳刀、圆形戳刀、502胶水。

制作步骤

步骤1：选用白萝卜作为雕刻仙鹤的原材料。用主刀根据仙鹤雕刻中各个部位的实际大小，对白萝卜进行切片分料操作。针对每个部位使用的原料都要做好规划，做到合理用料。

图5.106 雕刻原料

图5.107 白萝卜取料

步骤2：将红萝卜和白萝卜粘接在一起，用红萝卜雕刻仙鹤嘴巴，使其看上去更逼真。仙鹤头部要有棱角，嘴要尖而有力。将雕刻好的头部粘上身体原料，再将四边修圆并雕刻出仙鹤躯干。然后雕刻第二只不同造型的仙鹤。最终躯干成型效果优美自然，让作品达到精益求精的境界。

图5.108 仙鹤头部拼接

图5.109 仙鹤躯干雕刻

步骤3：选用白萝卜作为雕刻翅膀的原料，先用V形戳刀雕刻出小覆羽，需保证间距均匀细密，再用U形刀雕刻中覆羽，使其长短有序且有规律，随后用主刀修去多余废料。为使大覆羽在颜色上有所区别，利用U形刀在青萝卜上取材，再将其粘在用白萝卜雕刻的中覆羽上。确保左右翅膀大小均匀，造型生动。选用红萝卜雕刻仙鹤纤细的小腿和爪子，最后将其粘接在仙鹤的身体上，确保作品整体线条流畅。

图5.110　小覆羽、中覆羽雕刻

图5.111　翅膀大覆羽雕刻

图5.112　仙鹤爪子雕刻

图5.113　爪子拼接雕刻

　　步骤4：用V形戳刀在青萝卜上雕刻仙鹤小覆羽上的绒毛，其雕刻方法类似小草雕刻，经清水浸泡后效果更好，将其粘接在仙鹤翅膀上方，应做到过渡自然，作品整齐美观。选用心里美萝卜作为原料，以零雕整装的方法雕刻三层不同大小的花瓣、莲蓬和花蕊，在粘接中要注意花瓣外翻的角度，使其呈现含苞欲放式的姿态。再利用心里美萝卜的表皮，取薄片，雕刻出荷叶的造型，最后进行组装使用。

图5.114　翅膀绒毛雕刻

图5.115　仙鹤部件粘接

图5.116　荷花雕刻

图5.117　荷叶雕刻

步骤5：用红萝卜雕刻拱桥，在雕刻时应留意拱形的弧度，用青萝卜雕刻栏杆并进行拼接。再取一段红萝卜雕刻成毛笔的造型，为了支撑仙鹤，要在毛笔中心插入一根竹签来增强支撑力。

图5.118　底座拱桥雕刻　　　　　　　图5.119　底座毛笔雕刻

步骤6：将青萝卜拼接并雕刻成圆形，以塑造和氏璧的造型。将白萝卜切方块来支撑整个作品。最后对拱桥、小草、荷花、荷叶以及仙鹤进行拼接，仙鹤的头部要互相呼应，使整个作品更具灵动感。

图5.120　底座组合拼接　　　　　　　图5.121　仙鹤部件粘接

图5.122　仙鹤粘接　　　　　　　　　图5.123　仙鹤荷花粘接

[行家指点]

仙鹤雕刻作品色彩搭配鲜艳，仙鹤于高处振翅飞舞，精神抖擞，以盛开的荷花加以点缀，更令作品锦上添花。在操作过程中，应注意以下3个方面。

①两朵荷花大小应有所不同，造型上也要有略微区别。

②仙鹤体态纤细，身体线条流畅，翅膀展开时羽毛丰满。

③粘接时注意胶水和牙签不要外露。

[创新实验室]

5.4.1　思考与分析

仙鹤的造型和白鹭的造型有什么不同？思考不同造型的仙鹤的雕刻要求。

5.4.2　雕刻拓展训练

根据图片，雕刻不同造型的仙鹤。

图5.124　拓展作品1

图5.125　拓展作品2

[主题知识]

图5.126 站立喜鹊

图5.127 飞行喜鹊

　　喜鹊自古就被视为一种极为吉祥的鸟。在瓯越传统文化中，喜鹊向来被广泛应用于相应领域，以表达吉祥、喜庆之意，故其也象征着吉祥如意。其中最为人熟知的便是喜鹊站立于梅花树梢，寓意喜上眉梢。此外，喜鹊还象征着圣贤，归根到底与它叫声的声调有关：无论喜鹊是在鸣叫还是啼叫，不管它身处地面还是枝头，不论其年幼还是年老，所发出的声音始终保持同一个声调、同一种音色。而在儒家观念里，圣贤与君子，就应该表现出如喜鹊这般恒常、稳定、明确、坚毅且始终如一的品质。

　　喜鹊具有以下外形特质：头、颈、背和尾上覆羽，呈辉黑色，后头及后颈略带紫色，背部稍显蓝绿色；肩羽为纯白色；腰呈灰色和白色相杂状。其翅为黑色，初级飞羽内翈有大型白斑，大飞羽羽端为黑色，且带有蓝绿光泽；次级飞羽为黑色，并带有深蓝色光泽。尾羽为黑色，带有深绿色光泽，末端为紫红色和深蓝绿色宽带。颏、喉和胸为黑色，喉部羽有时带有白色轴纹；上腹和胁为纯白色；下腹和覆腿羽呈乌黑色；腋羽和翅下覆羽为淡白色。

　　通过对喜鹊雕刻的学习，学生能掌握喜鹊雕刻的操作要求，在宴席和展台布置方面学会组装搭配，为今后学习凤凰等中大型禽鸟类雕刻奠定良好基础。

操作要领

①应熟悉喜鹊的造型特点，身体比例要协调。
②熟练运用U形刀定位的刀法，躯干雕刻线条要流畅。
③在翅膀雕刻中，羽毛要层次清晰、张弛有度。

[烹饪实训工作室]

喜鹊雕刻

喜鹊雕刻

工艺流程

头部取料→躯干雕刻→翅膀雕刻→花卉雕刻→底座雕刻→作品组装。

操作用料

红萝卜一根、青萝卜一根、白萝卜一根。

工具设备

片刀、墩头、主刀、U形刀、V形戳刀、圆形戳刀、502胶水。

制作步骤

步骤1：选用红萝卜作为雕刻喜鹊的原料，用主刀在左右两侧切两刀来确定喜鹊头部的位置，注意要做到前窄后宽。也可以用水溶性铅笔先勾勒出喜鹊头部雕刻的外形，若操作熟练，也可以从嘴巴处直接下刀。鸟类雕刻要求做到两边对称。

图5.128　雕刻原料

图5.129　喜鹊头部取料

步骤2：用U形刀依次在喜鹊的翅膀、腹部、背部、尾部位置进行定型操作。若对喜鹊的身体结构不甚了解，那么可以在练习本上进行绘画练习，如此对于学习雕刻能够取得事半功倍的效果。再用主刀雕刻喜鹊的眼睛，要注意下刀的角度，确保眼珠圆而有神。

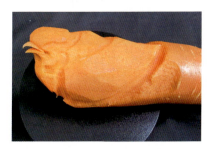

图5.130　喜鹊翅膀定型

图5.131　喜鹊尾巴定型

步骤3：在喜鹊腹部下方用主刀取出喜鹊的两条腿部，在腿和尾部衔接处要处理好小尾羽的连贯性。喜鹊尾巴的长度是整只喜鹊体长的一半，尾羽应呈现轻盈的感觉。用V形戳刀雕刻背部、腹部的绒毛时，拉羽毛要朝着同一个方向，这样才能有整体感。

图5.132　喜鹊腿部定型

图5.133　背部绒毛雕刻

步骤4：雕刻喜鹊的翅膀时，用直刀雕刻小覆羽，注意羽毛每片的大小、深浅应均匀一致。再用U形刀配合主刀雕刻中覆羽和大覆羽。第二片羽毛一定要雕刻在上一片羽毛的取料处，这样才能呈现出层叠的效果。最后用V形戳刀戳出小尾羽，最为理想的效果是能使其自然地向上翘起。

图5.134 喜鹊翅膀雕刻

图5.135 小尾羽雕刻

步骤5：为了能使喜鹊更加活灵活现，采用镶嵌的手法雕刻嘴巴。取一块青萝卜，依照喜鹊嘴角的角度进行雕刻，再用胶水粘好。在雕刻边缘时，需注意斜刀的角度，如此才能呈现出鸟喙的立体感。用主刀在尾巴的料上一片一片地雕刻出尾巴的羽毛。

图5.136 喜鹊嘴巴拼接

图5.137 喜鹊尾羽雕刻

步骤6：用白萝卜雕刻一块屏风，在边缘处粘上红萝卜，使作品色彩更为丰富。将青萝卜雕刻成小草，将红萝卜雕刻成小花来加以点缀。为了在出品过程中达到快速的效率，可以采用先切片再跳色粘接的形式进行雕刻，最后组合成一个底座。

图5.138 底座雕刻

图5.139 装饰点缀粘接

步骤7：在底座上安装并固定喜鹊，所雕刻的喜鹊为收翅站立的造型。鉴于喜鹊的习性是喜欢站在高处，故而直接将其安装在屏风的顶端，保持向下俯冲的姿势，这样才能体现出整个作品的动感。再搭配上其他点缀的小件后，整个作品即可完成。

图5.140　喜鹊组合雕刻

[行家指点]

喜鹊雕刻作品独具韵味，色彩搭配鲜艳。喜鹊雕刻作品往往寓意着人们对美好生活的向往和追求。例如，"喜上眉梢""喜鹊登梅"等图案都寓意着喜庆、吉祥和幸福。这些作品不仅传递了美好的祝愿，也体现了人们对生活的热爱和乐观的态度。在操作过程中，应注意以下3个方面。

①雕刻喜鹊时应体现其身体纤长、尾巴修长的特点，爪子雕刻要有力度。

②对于禽鸟类的翅膀造型应多进行绘画练习，这样才会取得事半功倍的效果。

③小花等点缀物是整个作品的点睛之笔，雕刻时需注重每一个细节，做到精细入微。

[创新实验室]

5.5.1　思考与分析

对于飞翔中喜鹊的造型，其翅膀羽毛是按照何种结构排列的？思考展翅飞翔的喜鹊的雕刻技巧。

5.5.2　雕刻拓展训练

根据图片，雕刻不同造型的喜鹊。

图5.141　拓展作品1　　　　　　　　　图5.142　拓展作品2

任务 **6**　孔雀雕刻

[主题知识]

图5.143　蓝孔雀　　　　　　　　　图5.144　工笔画孔雀

　　孔雀乃百鸟之王，也是吉祥鸟。从古至今，孔雀在艺术、传说、文学和宗教领域都享有盛誉。孔雀是极为善良、聪慧且热爱自由与和平的鸟类。它的美有目共睹，其优美的体态散发着迷人魅力，尽显优雅、高贵气质，能够让人真切地感受到一种气质之美。在餐饮装饰中，凭借孔雀迎宾的吉祥寓意，其在宴席和展台中得到了广泛应用。

　　孔雀的头部较小，头顶生有一些竖立的羽毛，嘴部较为尖、硬；雄孔雀的羽毛十分艳丽，有翠绿、青蓝、紫褐等颜色，也有白色，并带有光泽；雄孔雀尾部的羽毛延伸成尾屏，布满各种彩色的花纹，开屏时非常艳丽，宛如扇子。雌鸟无尾屏，羽毛色泽也相对暗淡。成年雄孔雀嘴部呈灰色，面部呈黄白色，颈部羽毛为纯蓝色并带有光泽，其拥有1.5 m长的覆尾羽，覆尾羽上带有大而具金属光泽的眼状斑；成年雌孔雀的羽毛以灰色为主，颈部背侧羽毛为灰黑色，腹部羽毛为灰黄色，胸腹部羽毛为灰白色，没有延伸的覆尾羽。

在菜雕中，孔雀雕刻是雕刻长尾禽鸟类的基础，很多其他禽鸟类雕刻方法都是在孔雀雕刻的基础上演变而来的。

通过对孔雀雕刻的学习，学生能掌握禽鸟雕刻的规律，并能熟练且灵活地加以运用。

操作要领

①孔雀嘴部雕刻需厚实而尖锐，其横截面呈三角形。
②翅膀应紧密贴合于腹部上方，每层羽毛要层层覆盖，长短错落有致。
③孔雀尾巴是整个作品的亮点，应展现出其大而舒展的特点。

[烹饪实训工作室]

孔雀雕刻

孔雀雕刻

工艺流程

取长方块→拱型取料→桥面雕刻→栏杆雕刻→楼梯雕刻→作品组装。

操作用料

红萝卜两根、青萝卜一根、白萝卜一根、心里美萝卜一颗。

工具设备

片刀、墩头、主刀、U形刀、V形戳刀、圆形戳刀、502胶水。

制作步骤

步骤1：孔雀的颜色极为丰富多彩，而白孔雀别具一格。选用白萝卜作为白孔雀雕刻的原料。先用片刀切出长15 cm、宽5 cm、高4 cm的长方片，再用水溶性铅笔在长方片上画出孔雀头部的造型。用主刀雕刻孔雀头部，做到两边对称且线条流畅。在操作过程中，要注意卫生，做到合理用料。

图5.145　雕刻孔雀原料

图5.146　孔雀头部雕刻

步骤2：取一段红萝卜镶嵌在孔雀头部，以用于雕刻孔雀的嘴巴。在分上下喙的时候，要注意主刀的斜刀角度以及和后面腮部的衔接情况。将孔雀头部粘在大块原料上，雕刻出孔雀的躯干，注意取料要保持圆润，并预留雕刻尾巴和腿部的位置。

图5.147　孔雀嘴部拼接

图5.148　身体躯干拼接

步骤3：用白萝卜雕刻孔雀收翅的姿态，在雕刻中应注意取料干净，每一片羽毛务必要雕刻在上一片羽毛的取料处。孔雀躯干的羽毛要从脖子处开始雕刻，一片紧叠一片，层层叠加至尾部，最后粘上翅膀，被翅膀盖住的地方可不雕刻躯干上的羽毛。

图5.149　收翅雕刻

图5.150　翅膀拼接

步骤4：尾羽是孔雀最漂亮的部位，故而尾羽的雕刻数量比较多。尾羽的特点是羽毛细长，雕刻时用V形戳刀刻出中间的羽干，可以雕刻出一定的弧度，如此一来，粘接组装好后的尾羽便会更显飘逸。羽丝则用V形戳刀一条一条沿着羽干两侧逐一戳出来。最后选用红萝卜雕刻孔雀的爪子。

图5.151　爪子雕刻

图5.152　尾羽雕刻

步骤5：用青萝卜和白萝卜雕刻底座，采用镂空雕刻的方式对白萝卜进行修料，这样会使假山更具通透感，搭配一些河卵石效果会更好。将孔雀粘在底座的顶端，让其整个身体悬空，留出组装尾羽的位置。

图5.153 底座假山雕刻

图5.154 孔雀组合雕刻

步骤6：在大腿下方粘上两只爪子，于头部粘接孔雀的冠羽。整个作品共分为三层，第一层为孔雀，第二层为由镂空假山和鹅卵石组合而成的假山，第三层为支撑层，底部固定所采用的原料需足够大块，以确保作品能平稳固定。

图5.155 爪子拼接组合

图5.156 孔雀冠羽组合

步骤7：在孔雀的尾部粘接尾羽，先从最下面的尾羽开始粘接，每两片尾羽之间再粘一片尾羽，如此逐层往上，层层相叠，其间不要留有空隙，使整体自然往外翘。最后一层尾羽用单片的细羽毛进行收尾，起到衔接与过渡的作用。最后用青萝卜雕刻小草加以点缀，使整个作品更为灵动。

图5.157 孔雀尾羽组合

[行家指点]

孔雀雕刻作品在菜肴围边装饰、展台布置中应用广泛，其最大的亮点便是尾羽丰满靓丽，能够很好地展现出孔雀绚丽夺目的美。在操作过程中，应注意以下3个方面。

①要精准把握孔雀头部的特点，使颈部线条流畅并呈S形曲线。

②初步成型的作品要具备层次感，比例协调，重心稳定，整体感强。

③在尾羽雕刻中，羽干应较为突出，羽丝要紧随着羽干以两短一长的规律排列。

[创新实验室]

5.6.1 思考与分析

在孔雀雕刻中，为了体现色彩绚丽的特点，可以选用不同原料。那么如何拼接才能呈现出多重颜色，使其看上去色彩更为丰富呢？思考如何利用不同原料完成孔雀雕刻。

5.6.2 雕刻拓展训练

根据图片，雕刻不同造型的孔雀。

图5.158　白孔雀组合

图5.159　孔雀开屏

任务 7 凤凰雕刻

[主题知识]

图5.160 凤戏牡丹绘画

图5.161 凤戏牡丹白描

凤凰是一种传说中的神鸟，在中华传统文化中也是人们心目中的瑞鸟，通常被描绘为拥有五彩斑斓的羽毛，形态优美，高贵典雅。其头部类似鸡，下巴像燕，嘴部短小而尖锐，背部隆起，尾部细长且散开如扇。雄鸟被称为"凤"，雌鸟被称为"凰"，两者合在一起即为"凤凰"。

凤凰通常能给人们带来幸福和吉祥，自然也包含着爱情美满的寓意。凤凰形象不仅表示自然物之"和"，也表示人类社会之"和"。凤凰"五色"后来就被视作古代社会和谐安定的"德、义、礼、仁、信"五条伦理的象征。凤凰象征爱情的含义，长期以来被人们用来祝贺婚姻美满，比喻夫妻和谐。从龙凤艺术的角度来看，凤凰的艺术形象给人们以巨大的精神力量，它与龙一样，是中华民族的象征。也就是说，华夏民族也是以凤凰为象征的民族。

凤戏牡丹是中国传统文化中的一种象征表达和寓意体现，具有深刻的文化内涵和艺术价值。首先，凤戏牡丹的寓意是和谐与美好。在古代社会，牡丹是一种非常珍贵的花卉，被视为富贵、繁荣和尊贵的象征，而凤凰则代表了吉祥、美好和纯洁，是人们心中的神鸟。因此，双凤戏牡丹的寓意是和谐、美好和尊贵，象征着人们追求幸福、美好和富贵的愿望。

操作要领

①凤凰雕刻需抓住各个部位的特点，如头部似鹰头、身形如鸡身、翅膀像仙鹤翅、羽毛同孔雀羽。

②雕刻牡丹花时选用颜色鲜艳的心里美萝卜，如此方能有姹紫嫣红的效果。

③注意颜色鲜艳的原料与冷色原料的搭配使用，以实现色彩均衡的效果。

④雕刻是一项细致的工作，需要耗费时间和精力，需要有足够的耐心和严谨细致的精神，才能雕刻出高品质的作品。

[烹饪实训工作室]

"凤戏牡丹" 雕刻

"凤戏牡丹"
雕刻

工艺流程

凤凰雕刻→牡丹花雕刻→配件雕刻→作品组装。

操作用料

白萝卜一根、青萝卜一根、心里美萝卜两颗、红萝卜三根。

工具设备

片刀、墩头、主刀、U形刀、V形戳刀、拉线刀、502胶水。

制作步骤

步骤1：将红萝卜分成用于雕刻凤凰头部、身体、翅膀的三部分原料。从凤凰头部着手雕刻。根据凤凰冠羽和嘴角的位置下刀，将喙雕刻成三角形，使其具有立体感。在冠羽处雕刻两三片羽毛，要呈现出轻盈感，不能显得笨重。凤凰的颈部呈S形，线条流畅，顺着颈部粘接上凤凰的身体，再运用U形刀雕刻凤凰的小尾羽，并雕刻出两条腿的位置。用两片胡萝卜切取凤凰翅膀的坯料，注意起伏的角度和两片翅膀的对称性，同时羽毛的层次感要强，取料要干净利落，以形成红白相间、色彩分明的效果。用V形戳刀雕刻凤凰尾羽，羽毛要细密，如此方能营造出飘逸的美感，中间的羽毛稍长一些，两边的可以稍微短些。在雕刻中，要精益求精，先进行绘画设计，再下刀雕刻，这样对整体造型的掌控会更加出色。

图5.162　原料

图5.163　取料

图5.164　凤凰嘴部雕刻

图5.165　凤凰冠羽雕刻

图5.166　凤凰颈部雕刻

图5.167　凤凰身体雕刻

图5.168　凤凰腿部雕刻

图5.169　凤凰翅膀雕刻

图5.170　凤凰羽毛雕刻

图5.171　凤凰尾羽雕刻

步骤2：将红萝卜改刀成长方体后运用十字花刀，切成0.15 cm的细丝，再修成圆柱体，以此作为牡丹花的花蕊。运用心里美萝卜和红萝卜的两种颜色来制作花瓣，这样色彩能更加丰富。分别修出两朵不同大小的牡丹花，在各块原料上分别雕刻出12片花瓣，最后用胶水按从小到大的顺序，粘出第一层花瓣，然后在第一层两片花瓣之间粘接第二层花瓣，依次类推，粘接好整朵花瓣。取心里美萝卜的皮，削薄并取出绿色部分用于雕刻牡丹花的叶片，注意对叶脉和叶片边缘细节的处理。

图5.172　牡丹花取料

图5.173　牡丹花花瓣雕刻

图5.174　花瓣粘接

图5.175　牡丹花叶片雕刻

　　步骤3：作品以江南风格的白墙黑瓦作底座。选用红萝卜雕刻屋顶，在雕刻时要雕出瓦片的细节，且屋檐两头应往上翘。将白萝卜切成厚0.2 cm的片，注意对原料的合理运用，雕刻出高度为40 cm的墙面，同时要考虑到作品的支撑性，确保墙面不能弯曲。在底下用青萝卜雕刻出平面，以祥云为图案，以寓意吉祥。在最下方放一颗改刀成正方体的心里美萝卜，使整个作品得以增高。

图5.176　屋顶雕刻

图5.177　底座雕刻

　　步骤4：将牡丹花、凤凰进行最后的组合。在粘接中注意胶水不能外露，竹签和牙签都要处理妥当，花卉粘接时角度应为45°，叶片要起到点缀的作用。最后将凤凰粘在房子的顶端，让凤凰和牡丹能够遥相呼应，使整个作品呈现出凤凰围绕牡丹花的优美造型。

图5.178　花卉粘接

图5.179　凤凰粘接

[行家指点]

　　"凤戏牡丹"雕刻作品色彩丰富，雕刻精美，设计巧妙，搭配合理。在操作过程中，应注意以下3个方面。

　　①凤凰雕刻要展现出轻盈之态，羽毛要有层次感和飘逸感，以达到富丽堂皇、尽显鸟中之王风范的效果。

　　②雕刻牡丹花花瓣时要有大小区别，每片花瓣要有弯曲的弧度，在粘接时遵循每两片花

瓣之间粘接一片的规律进行粘贴。

　　③注意每个配件的大小比例、凤凰选料、颜色搭配等，以实现色彩和谐均匀且富有吉祥富贵寓意的效果。

[创新实验室]

5.7.1　思考与分析

　　凤凰和牡丹花的组合象征着富贵吉祥，思考凤凰还能够与哪些花卉进行组合。此外，还可以用什么原料雕刻翅膀，从而使羽毛的颜色更加丰富？

5.7.2　雕刻拓展训练

　　根据图片，雕刻不同造型的凤凰作品。

图5.180　拓展作品1

图5.181　拓展作品2

[项目评分表]

禽鸟类雕刻质量评价表

指标 得分 任务	规格 标准	色彩 搭配	造型 美观	刀法 精湛	用料 合理	操作 速度	卫生 安全	合计
	10	20	20	20	10	10	10	
麻雀								
天鹅								
仙鹤								
喜鹊								
孔雀								
凤凰								

学习感想：

项目 **6**

瓯越菜雕作品鉴赏

【项目描述】

瓯越菜雕作品既蕴含着传统瓯越文化的韵味，又彰显着现代艺术的创新性，是艺术和瓯菜文化的完美融合。这些作品不仅造型美观，而且寓意着吉祥如意、富贵荣华，既展示了瓯越大地上深厚的历史文化底蕴，又体现了人们对美好生活的向往和追求。

在学习菜雕的过程中，我们应该注重培养"举一反三"的思维能力，不断拓宽自己的视野和知识面。同时，我们也要善于从其他作品中汲取灵感，将其融入自己的创作中，以提升自己的菜雕技艺。这样，我们才能在菜雕的艺术道路上不断前行，创造出更多精彩的作品。"他山之石，可以攻玉"意味着我们可以从其他领域或事物中汲取灵感，用以改良或提升我们的菜雕技艺。菜雕虽然是一门独特的艺术，但它与其他艺术形式（如绘画、雕塑等）以及自然科学等领域都有着密切的联系。通过借鉴其他领域的理念和技巧，我们可以为菜雕注入新的元素和活力，创造出更具创意和吸引力的作品。

本项目需要多观摩以往的菜雕作品，学习其设计理念和雕刻手法，同时将其转化为自己雕刻创作的元素。

【行家指点】

在菜雕学习中，就如何提高自己的雕刻技艺而言，以下是一些相关的具体建议和方法。

①勤于实践。实践是提高技艺的关键，应不断练习基本技巧，尝试雕刻各种作品，从简单的开始，逐渐挑战更复杂的作品。

②寻求反馈。将自己的作品展示给其他人看，以获取他们的评价和建议。参加雕刻比赛或展览，从评委和观众那里获取反馈。

③观察与模仿。观察优秀的菜雕作品，学习他们的构图、线条和细节处理。尝试模仿一些经典作品，理解其中的技巧和理念。

④培养审美。提高自己的艺术鉴赏能力，学习如何欣赏和评价雕刻作品。参观艺术展览、博物馆等，拓宽自己的艺术视野。

⑤创新思维。在学习和模仿的基础上，尝试创新，发展自己的雕刻风格和主题。将其他艺术形式或元素融入雕刻作品中，创造出独特的视觉效果。

⑥耐心与毅力。雕刻需要耐心和毅力。面对困难和挫折时，应保持积极的心态和坚持不懈的精神。

⑦记录与反思。记录自己的雕刻过程和心得，分析自己在技巧、设计等方面的优点和不足之处。定期回顾自己的作品，明确下一步的学习方向和目标。

【瓯越菜雕作品鉴赏】

图6.1　乐趣1

图6.2　乐趣2

图6.3　心向党

图6.4　梅竹恋

图6.6　百合花开局部1

图6.7　百合花开局部2

图6.5　百合花开

图6.8　百合花开局部3

图6.9　菊花争艳

图6.10　庭院小景

图6.11 傲霜

图6.12 傲霜局部1

图6.13 傲霜局部2

图6.14 傲霜局部3

图6.15 惜春

图6.16 夏趣

图6.17　大吉大利

图6.18　功名富贵

图6.19　雄鹰展翅

图6.20　金鸡报晓

图6.21　鹭戏荷塘

图6.22 鲤鱼跳龙门

图6.23 嬉

图6.24 海底世界

图6.25 珊瑚鱼

图6.26　刺绣神仙鱼

图6.27　金鱼戏莲

图6.28　秋韵

图6.29 孔雀开屏1

图6.30 孔雀开屏2

图6.31 凤凰展翅

图6.32　喜上眉梢

图6.33　龙凤呈祥1

图6.34　龙凤呈祥2

图6.35　中华柱1

图6.36　中华柱2

图6.37　龙马精神

图6.38　斗转乾坤

图6.39 蛟龙戏珠

图6.40 耕耘

图6.41　骏马奔腾

图6.42　麒麟祥瑞

图6.43　笑口常开

图6.44　义薄云天

图6.45　歌舞升平

图6.46　垂钓老翁

图6.47　展台雕刻运用1

图6.48　展台雕刻运用2

图6.49 展台雕刻运用3

图6.50 大型雕刻运用1

图6.51　大型雕刻运用2

图6.52　大型雕刻运用3

参考文献

[1] 江泉毅. 食品雕刻[M]. 4版. 重庆：重庆大学出版社，2023.

[2] 张建国. 食品雕刻技艺[M]. 北京：北京师范大学出版社，2017.

[3] 张玉. 食品雕刻[M]. 北京：旅游教育出版社，2019.